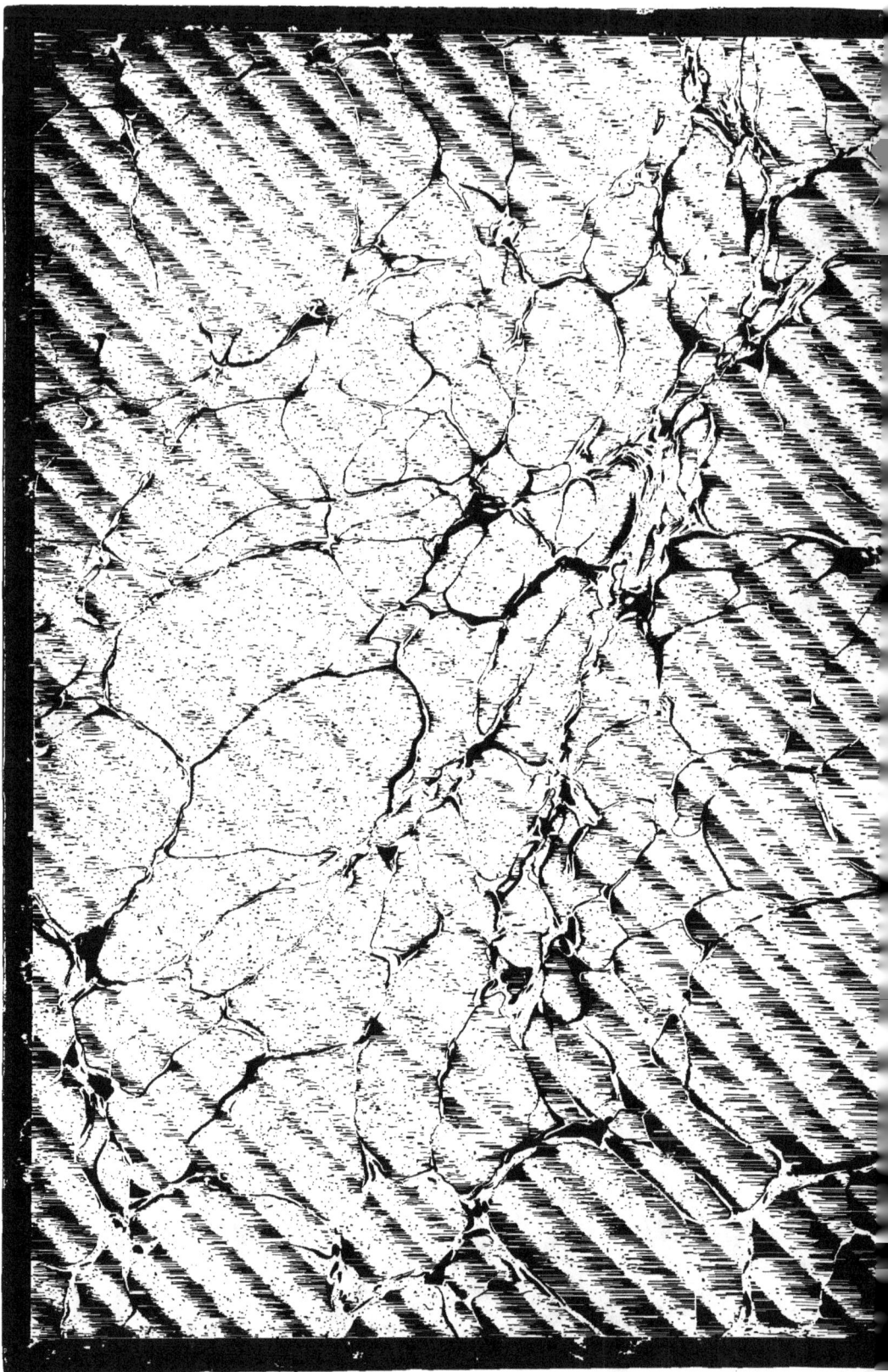

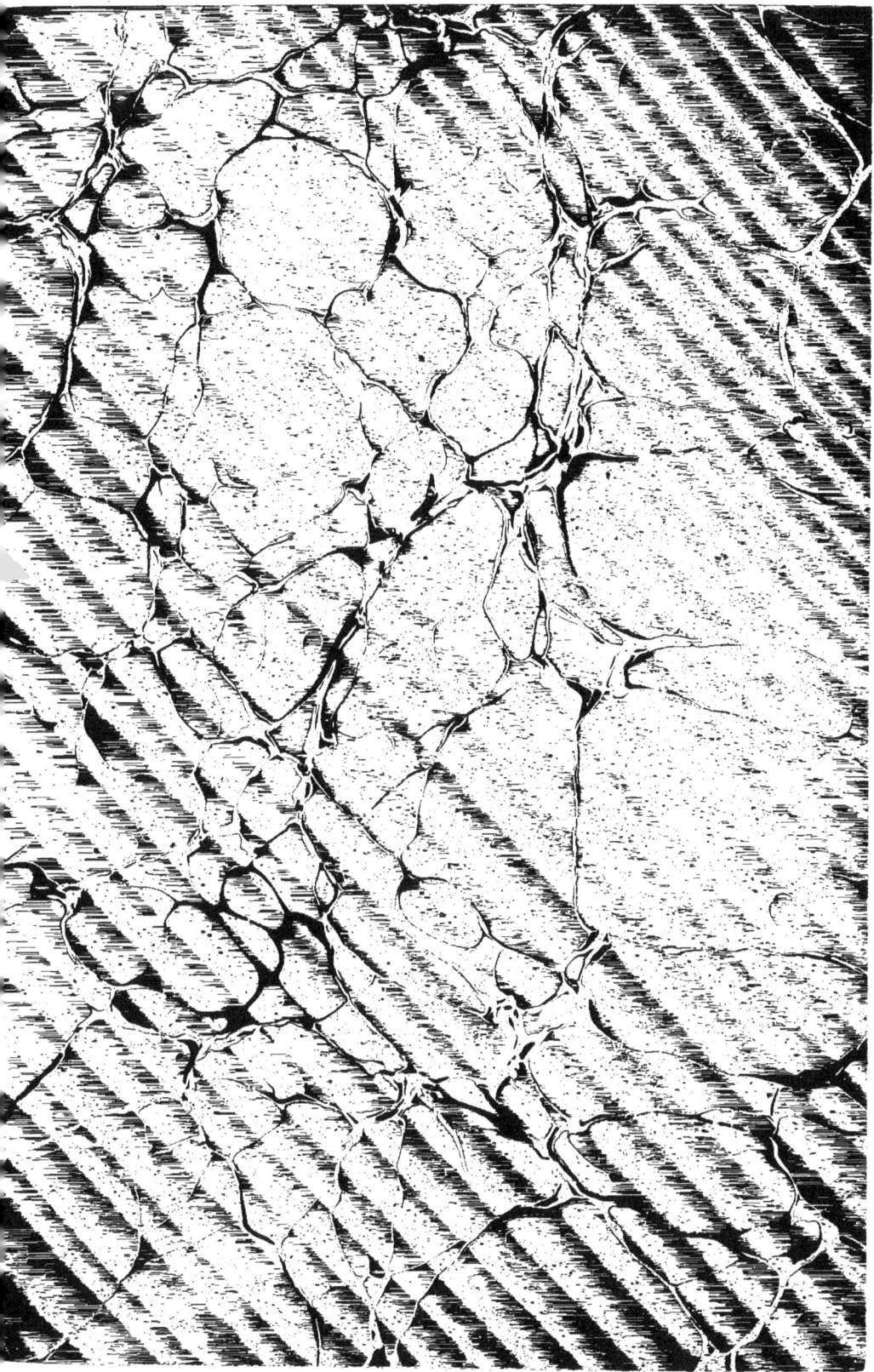

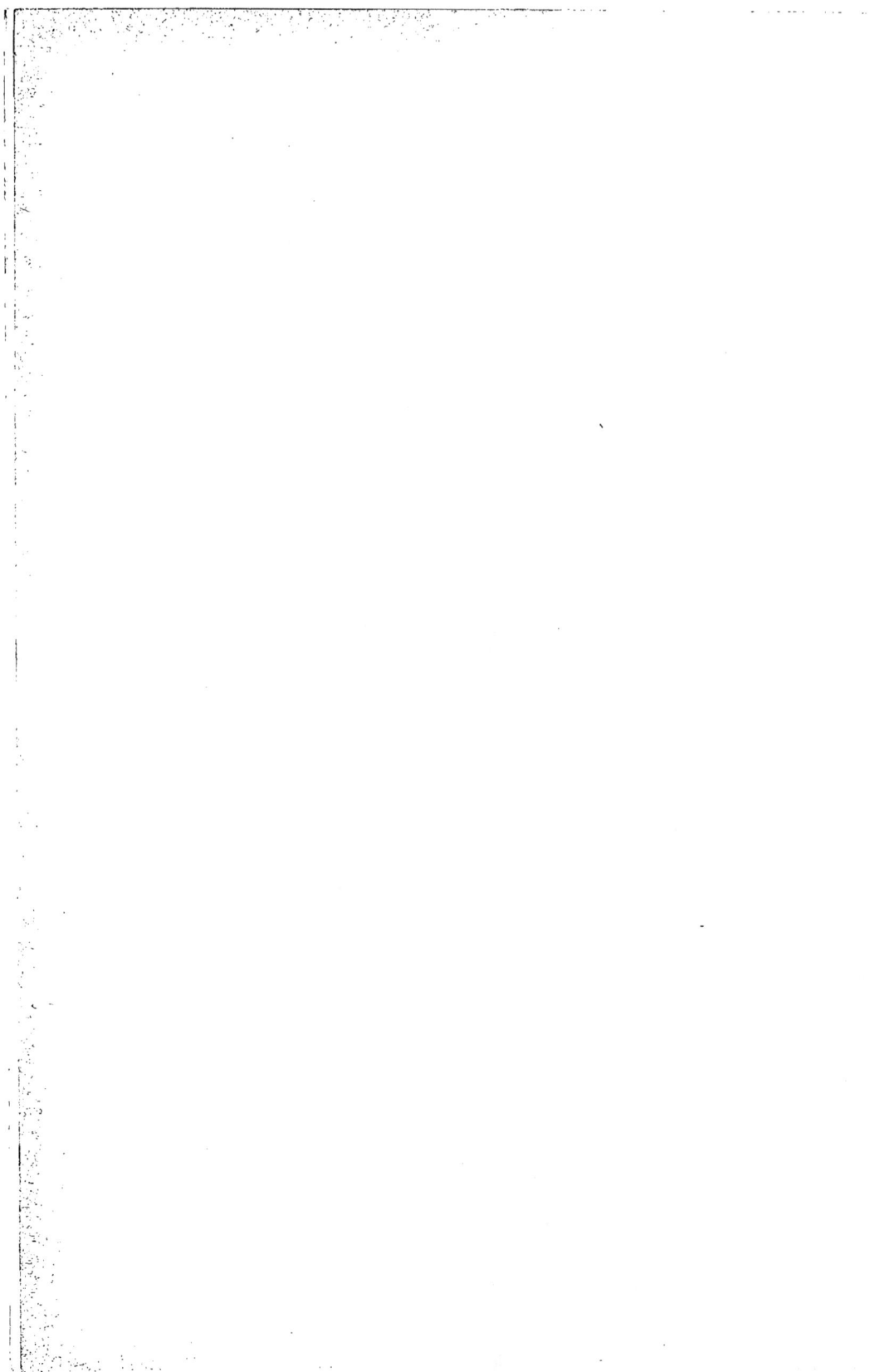

La Conquête

DE LA MER

EMBARQUEMENT D'UN PILOTE A BORD D'UN TRANSATLANTIQUE

La Conquête
DE LA MER

PAR

Louis ERNAULT et Ernest JAUBERT

« C'est par la mer qu'il convient de commencer
toute géographie. »

J. Michelet.

PARIS
G. DELARUE, LIBRAIRE-ÉDITEUR
5, RUE DES GRANDS-AUGUSTINS, 5

AVANT-PROPOS

Comment l'homme, chétif et faible en face de l'Océan
immense et terrible, a lentement, par la seule force de son
génie énergique et patient, dompté l'élément indomptable :
l'affrontant sur des navires de plus en plus perfectionnés au
cours des âges, du tronc d'arbre creusé à la ville flottante, de
la barque fragile au cuirassé invulnérable ; prévoyant ses
ouragans ; dressant, contre ses flots furieux, les môles, les
jetées, les digues ; édifiant les ports pour abriter les vaisseaux,
les phares pour guider leur marche ; l'étudiant jusque dans
ses plus obscures profondeurs ; le forçant à nourrir des populations entières avec ses poissons, ses crustacés, ses coquil-

lages ; lui arrachant ses trésors, nacre, perle, corail : — voilà ce que tout enfant, celui de nos provinces centrales comme celui de nos côtes, aurait assurément plaisir et profit à connaître, voilà ce qu'essayeront de lui montrer les pages qui suivent, où l'élément pittoresque, constamment, tend à colorer, à vivifier la science la plus exacte.

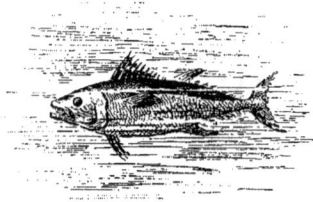

PREMIÈRE PARTIE

LA MER

CHAPITRE PREMIER

Aspect général. — Couleur. — Transparence. — La Grotte d'Azur. — Phosphorescence. — La mer Rouge.

La mer, tranquille ou furieuse, est l'image de l'infini.

En embrasser tous les aspects dans une définition est chose
impossible. « Changeante comme l'onde, » a dit le grand poète
anglais Shakespeare.

Aujourd'hui, c'est le calme. Le flot, berceur, vient mourir
sur la plage. Il s'allonge sur le sable comme une lame d'azur,
puis s'enfuit à regret, pour revenir, lentement, dans la molle
oscillation d'un mouvement jamais arrêté. Une brise balsamique [1] apporte à la terre les parfums vivifiants du large. Une

---

[1] Voir le sens de ce mot dans le vocabulaire placé à la fin du volume, et où se
trouve, par ordre alphabétique, l'explication de tous les mots — noms propres,
termes techniques et scientifiques, etc. — peu familiers aux enfants.

2

même harmonie unit et fond tous les murmures de la mer, tandis qu'à l'horizon le bleu de l'océan va s'absorber et se perdre dans le bleu du ciel.

Puis, tout à coup, le spectacle a changé. Un point noir s'est formé dans l'azur du firmament. La brise fraîchit ou tombe tout à fait. La mer moutonne, disent les marins. Sa clameur se fait plus sourde et plus profonde. Le point noir est devenu

nuage. De plus en plus, ce nuage s'enfle, s'étend, emplit le ciel. La mer s'agite, inquiète, toute blanche d'écume déjà. Puis la tempête éclate. Les vagues, sous le souffle de la tourmente, se creusent comme des gouffres, se cabrent comme des cavales emportées, se ruent à l'assaut des hautes falaises, s'abattent en hurlant sur les grèves bouleversées, et, jusque dans le port, viennent parfois heurter, briser l'un contre l'autre les vaisseaux à l'ancre près des môles.

Sous une faible épaisseur, l'eau de mer est incolore. Sous un grand volume, elle est bleue, comme l'eau des fleuves et des lacs. D'ailleurs la mer, au calme, formant comme un immense miroir naturel, sa couleur varie beaucoup avec celle du ciel. Par un temps clair, toutes les nuances du vert et du bleu s'y rencontrent. Le soleil couchant y allume un incendie où flamboie toute la gamme des rouges et des ors. Près des côtes, et à raison de la transparence de l'onde, la teinte propre du sol vient se fondre avec celle des eaux. Une tache plus sombre révèle l'invisible écueil. Une bande jaunâtre annonce un banc de sable. Parfois le sable lui-même, formant un second miroir réflecteur, produit les plus curieux accidents de lumière.

C'est le cas pour la Grotte d'Azur, située à l'île de Capri, dans le golfe de Naples. Creusée dans la falaise, elle n'est accessible que par un étroit goulet. On n'y pénètre qu'en barque. Une fois entré, on voit l'excavation s'élargir, et l'on vogue sur un lac d'azur : ce sont les rayons obliques du soleil qui, réfléchis sous l'eau, renvoyés par le sable du fond, éclairent d'une lumière intense toute la masse liquide, tandis que le surplus de la grotte demeure dans une obscurité relative. Un écrivain a noté ce phénomène, en une page qui forme tableau :

« ... L'entrée de la grotte est si basse et si étroite, écrit-il, que l'on est forcé de désarmer les avirons et de se courber au fond de la barque pour ne point se heurter en passant. Dès qu'on a franchi le trou resserré qui sert de porte, on se trouve en pleine féerie. L'eau profonde, claire à laisser voir tous les détails de son lit, teintée d'une nuance de bleu de ciel adorable, projette ses reflets sur la voûte de calcaire blanc et lui donne une couleur azurée qui tremble à chaque frisson de la surface humide. Tout est blanc, la mer, la barque, les rochers : c'est un palais de turquoise bâti au-dessus d'un lac de saphir. Le matelot qui me conduisait se déshabilla et se jeta à l'eau ; son corps m'apparut blanc comme de l'argent mat, avec des ombres de velours bleuissant aux creux que dessinait le jeu de ses muscles. Ses épaules, son cou, sa tête étaient au contraire d'un noir cuivré : on eût dit une statue d'albâtre surmontée d'une tête de bronze florentin. Les gouttelettes qu'il faisait jaillir en nageant, les globules qui se formaient près de lui étaient comme des perles éclairées par une lumière bleuâtre. Le ciel se couvrit, la couleur fut alors moins intense et se revêtit, dans les fonds surtout, d'un glacis de teinte neutre. Le nuage qui voilait le soleil s'envola, et dans toute la grotte un feu d'artifice éclata, jetant sur les pierres humides des étincelles d'un bleu lumineux. Je ne pouvais me lasser d'admirer cette splendeur et de regarder l'homme blanc à tête noire qui se baignait dans ces flots célestes. »   (Maxime du Camp.)

La nuit, parfois, la mer, d'elle-même, s'illumine. On la voit devenir opalescente, dense comme du lait. Des étoiles, bleuâtres, plus nombreuses que les astres du firmament, frissonnent, scintillent à la cime des vagues. Chaque coup d'aviron des pêcheurs attardés égrène des colliers d'émeraudes et de perles.

Ce phénomène, commun sur nos côtes elles-mêmes pendant les chaudes soirées d'été, prend le nom de *phosphorescence*, par allusion à une propriété bien connue du phosphore. Il est dû à la présence, dans les eaux de la mer, d'une foule d'infiniment petits animalcules, principalement des noctiluques (de deux mots latins qui signifient : briller pendant la nuit), des béroës et des pentatules. Chacun de ces atomes animés est lumineux par lui-même, comme les vers luisants de nos campagnes, les lucioles ailées du Midi et ces mouches à feu, les pyrophores, qu'à Rio-de-Janeiro les belles Brésiliennes épinglent, comme une vivante orfèvrerie, à leurs mantilles dans les fêtes de nuit. On chiffre par plusieurs centaines le nombre de ces infusoires contenus dans une seule goutte d'eau : qu'on juge de l'effroyable quantité de ces êtres dont les pléiades flottantes suffisent pour illuminer l'océan !

Dans le même ordre d'idées, c'est la multiplication prodigieuse d'une algue microscopique qui donne à la mer Rouge sa teinte particulière, remarquée déjà des anciens.

CHAPITRE II

Circulation générale des eaux. — Leur température. — Le Gulf-Stream.

On a bien des fois décrit, dans ses lignes générales, le phénomène de la circulation des eaux.

Frappées par la chaleur solaire, les grandes nappes liquides, et en particulier la mer, sont le siège d'une évaporation constante. La vapeur d'eau ainsi produite monte dans l'air et s'agrège en nuages. Ces nuages, à leur tour, balayés par les vents, sont emportés au loin et retombent plus tard, sur tous les points du globe, à l'état de neige ou de pluie. Sur la terre, enfin, l'eau du ciel forme les ruisseaux, les rivières, les grands fleuves, et retourne à la mer, d'où elle s'élève à nouveau sous le soleil qui l'évapore.

De la mer au nuage, des abîmes insondés de l'océan aux altitudes non moins inaccessibles de la couche d'air qui enveloppe le globe terrestre, de l'atmosphère au sol et du sol à la mer — tel est le circuit merveilleux de l'eau sous ses trois états : état liquide, neige ou glace, vapeur. Elle est un élément indispensable à la vie. Les plantes s'en imbibent, les animaux s'en abreuvent. Quant à l'homme, « selon Berzélius, il n'est qu'eau (aux quatre cinquièmes), et, demain, il va se résoudre en eau. Elle est, dans la plupart des plantes, juste en même proportion. Et de même, comme eau salée, elle couvre les quatre cinquièmes du globe. Elle est, pour l'élément aride, une constante hydrothérapie qui le guérit de sa sécheresse. Elle le désaltère, le nourrit, gonfle ses fruits, ses moissons. Étrange et prodigieuse fée! avec peu, elle fait tout; avec peu, elle détruit tout, basalte, granit et porphyre. Elle est la grande force, mais la plus élastique, qui se prête aux transitions de l'universelle métamorphose. Elle enveloppe, pénètre, traduit, transforme la nature... »   (J. MICHELET.)

La chaleur solaire étant l'agent le plus actif de l'évaporation, celle-ci n'offre point une importance égale sous toutes les latitudes. Elle présente son maximum d'intensité sous la zone torride, pour disparaître presque complètement dans les régions polaires.

Au pôle, le soleil s'élève peu au-dessus de l'horizon. Ses rayons, très obliques, ayant à traverser une couche d'air d'une épaisseur relativement considérable, ont perdu leur puissance calorifique. D'immenses champs de glace occupent ces terres déshéritées. A leur contact, les couches supérieures de la mer, refroidies, deviennent plus denses et s'enfoncent. Les couches voisines affluent pour remplacer l'eau précipitée vers les bas-fonds. Un courant continu en résulte, renforcé par l'action inverse exercée à l'équateur, où le soleil, frappant presque perpendiculairement sur la mer, détermine un notable échauffement superficiel des eaux. Ces eaux s'écoulent vers les régions boréales; et c'est ce phénomène, produit dans des proportions gigantesques, qui a donné naissance au courant bien connu sous le nom de Gulf-Stream.

Le Gulf-Stream (courant du golfe), relevé par Christophe Colomb lors de son troisième voyage, a été étudié scientifiquement pour la première fois par le commandant Maury, de la marine des Etats-Unis. D'après le savant navigateur, le Gulf-Stream a sa source dans le golfe du Mexique; il marche vers le nord, s'enfle à mesure, s'étend, prend une largeur de mille lieues, déplace et modifie le quart des eaux de l'Atlantique. Il ne se mêle pas à l'Océan, et on le reconnaît à la couleur de ses flots, très bleus sur les eaux vertes, et à leur température exceptionnellement élevée. Du 30ᵉ au 40ᵉ degré de latitude, le Gulf-Stream, en courant vers le nord, ne perd guère qu'un degré de chaleur. A Terre-Neuve, la différence de température entre ses eaux et celles de l'Océan peut atteindre 15°. L'air étant à zéro, le courant s'est trouvé donner + 25° ou + 26°.

Partout où passe le Gulf-Stream, il répand la chaleur et la

vie. Du golfe du Mexique, il se porte d'abord vers Terre-Neuve, baigne la côte occidentale du Groënland et de là se dirige vers l'Europe. Nos départements de la Manche, de l'Ille-et-Vilaine et des Côtes-du-Nord, en particulier, lui doivent de pouvoir se livrer à des cultures que d'autres départements, d'une latitude cependant moins élevée, ne peuvent entreprendre à raison de la température qui gèle les plantes sur pied pendant l'hiver. L'Irlande et l'Écosse éprouvent également l'influence bienfaisante du courant. C'est encore grâce à lui que la Norvège, le Spitzberg et la Nouvelle-Zemble ne sont point envahis par les glaces.

Théoriquement les régions antarctiques doivent manifester des phénomènes de circulation analogues et, de fait, le Gulf-Stream, s'il nous intéresse particulièrement à cause de son action immédiate sur les côtes de l'Europe, n'est pas, à beaucoup près, le seul des grands courants marins actuellement connus. Mais il est à remarquer qu'à la différence des régions boréales, la zone australe se présente comme à peu près complètement ouverte. C'est dire que l'équilibre de température entre les eaux, chaudes ou froides, de l'équateur ou du pôle, s'établit par une sorte de diffusion constante, et par cela même insensible, diffusion qui, dans l'Océan arctique, se trouve contrariée par les innombrables découpures des côtes.

CHAPITRE III

Mouvement des ondes. — Théorie des marées. — Barre. — Mascaret. — Hauteur
des vagues.

Deux fois par jour, on voit, pendant six heures, l'océan s'élever, d'un mouvement continu, sur la plage : c'est le flux. La mer bat son plein, reste étale pendant un quart d'heure environ, puis redescend pendant les six heures suivantes : c'est le reflux, ou jusant. Puis, de nouveau, elle reprend sa marche ascensionnelle, pour s'abaisser encore, dans une perpétuelle oscillation. Ce double mouvement constitue le phénomène des marées.

On sait que le grand savant anglais Newton a découvert, « en y pensant toujours », les lois de ce qu'on nomme la gravitation universelle, lois que résume la formule suivante :

Deux corps quelconques s'attirent dans l'espace en raison directe de leurs masses et en raison inverse du carré de leurs distances.

Newton lui-même en a déduit l'explication du phénomène des marées, dont l'étude a été depuis reprise et complétée par Laplace.

Supposons la lune à son passage supérieur au méridien[1] d'un point de l'océan. A ce moment, son action attractive s'exerce

---

[1] Un moyen simple d'obtenir le plan méridien d'un lieu consiste à planter dans le sol, le plus verticalement possible, une tige quelconque. Au moment où l'ombre portée par cette tige sur le sol est le plus courte, — c'est-à-dire à midi, — le centre du soleil et la tige sont dans un même plan, qui est précisément le plan méridien du lieu. De même la lune est à son passage supérieur au méridien, lorsque l'ombre portée par un objet éclairé par la lune est le plus courte.

avec son maximum de puissance sur la masse liquide. Les
eaux tendent donc à former, au point considéré, une sorte
d'intumescence qui les élève au-dessus de leur niveau primitif.
En même temps, au point diamétralement opposé de la terre,
les eaux montent également, parce que la terre, attirée, à
raison de sa proximité plus grande de la lune, plus fortement

que ces eaux elles-mêmes, les laisse en quelque sorte s'attarder
derrière elle. Des deux côtés opposés du globe, le flot doit
donc, pour obéir à ce double mouvement, suivre en quelque
sorte la lune dans sa révolution sidérale. En outre, la lune
ayant une vitesse de translation uniforme, la fuite des eaux
s'opérera progressivement pendant les six heures et douze
minutes environ que la lune met à parcourir le premier quart
de son orbite. Notre satellite se dirigeant ensuite vers son
passage inférieur au méridien du lieu considéré, le flot, en
vertu de la loi d'attraction, s'élève en ce même lieu aussi
longtemps que la lune n'a pas dépassé le nadir.

  Du reste, il y a lieu de tenir compte de diverses circonstances susceptibles de modifier quelque peu les phases du
phénomène. Ainsi, l'action du soleil, tantôt s'ajoute à celle de
la lune, tantôt la contrarie. Dans le premier cas, aux époques
de la nouvelle et de la pleine lune (syzygies), on observe les

marées les plus fortes ; dans le second, au moment du premier
et du dernier quartier (quadratures), le marnage, — c'est ainsi
qu'on appelle la différence de niveau entre la haute et la basse
mer — est considérablement plus faible.

De même, les découpures des côtes, la déclivité plus ou
moins grande de la plage, le frottement de l'eau sur les bas-
fonds, enfin le degré de la cohésion, c'est-à-dire de la force
qui relie l'une à l'autre deux molécules liquides, toutes ces
causes, agissant ensemble ou séparément, retardent de plusieurs heures, sur certains points du littoral, la montée effective du flux. Ces retards, qui ont été calculés, forment ce
qu'on appelle l'*établissement du port*. Il est, pour Brest, de
3 heures 46, pour Saint-Malo de 6 heures, de 9 heures pour
le Havre et, pour Dunkerque, s'élève jusqu'à 12 heures.

Enfin, la force du vent influe d'une manière irrégulière sur
les marées. Cependant, les vents eux-mêmes étant soumis à
certaines lois, on a reconnu que les marées des équinoxes
de printemps et d'automne (mars et septembre) étaient pour
l'Europe les plus fortes de toutes, grâce à l'action du vent
d'ouest qui précipite à cette époque la mer sur nos rivages.

Ajoutons qu'en raison principalement de leur superficie peu
importante, comparée à celle de l'océan, les mers intérieures,
par exemple la Méditerranée, ne ressentent que très faiblement
l'influence de la marée. Elle est nulle dans la mer Caspienne.
En sens inverse, de grands lacs d'eau douce, comme le lac
Michigan en Amérique, sont sujets à des oscillations périodiques. Cette contradiction apparente tient peut-être à la
densité moindre de l'eau douce, qui la rend plus sensible à
l'action attractive de la lune.

L'eau des fleuves vient naturellement se déverser dans
l'océan. Cette eau, par suite, entre deux fois par jour en conflit
avec les vagues de la marée montante. Ce phénomène porte
les noms divers de *barre* dans la Seine, de *mascaret* dans la

Gironde. Par onomatopée, les Indiens des bords de l'Amazone, dans l'Amérique du Sud, ont donné à cette lutte, qui ne s'accomplit pas sans tumulte, le nom de « *porroroca* ».

« L'océan ne cède pas. Le déploiement de forces que font les grandes rivières n'est pas pour l'intimider. Les eaux qu'on pousse sur lui, il les rembarre, les ramasse, les roule en montagne, jusqu'à Rouen, jusqu'à Bordeaux, dans une si grande violence, qu'on dirait qu'il va leur faire remonter les montagnes mêmes. »   (J. MICHELET.)

Par un temps de tempête, les vagues, en pleine mer, atteignent jusqu'à 10 et 11 mètres de hauteur. Sur la plage, contre les digues et contre les écueils, elles peuvent s'élever à plus de 50 mètres.

Leur agitation ne se fait ordinairement sentir qu'à une faible distance de la surface; les grandes profondeurs ne sont pas ébranlées, sauf, bien entendu, au cas d'une convulsion quelconque du sol sous-marin, tremblement de terre, éruption volcanique, etc.

CHAPITRE IV

Les vents. — Vents réguliers. — Loi des tempêtes. — Une tempête dans la mer des
Indes. — Rôle de l'électricité dans les tempêtes. — Le feu Saint-Elme. — Trombes.
— Cyclones. — Héroïsme des officiers et des équipages.

En pleine mer, les tempêtes constituent le principal danger
qu'aient à redouter les navires.

L'action inégale de la chaleur solaire maintient la couche
d'air qui entoure le globe dans un état d'agitation continuelle.
Les vents ainsi formés sont, les uns accidentels, les autres
réguliers et périodiques.

Les vents de la dernière catégorie peuvent être utilisés par
les marins à raison de leur direction constante. Les anciens
connaissaient les vents étésiens de la Méditerranée. Les vents
alizés qui règnent sur l'Atlantique menèrent au Nouveau-
Monde la flotte de Colomb, comme les moussons de printemps
avaient conduit aux Indes les galères d'Hippalus. Sur nos
côtes, enfin, chacun, deux fois par jour, le matin et le soir,
peut constater la production de deux courants, le premier, la
brise de mer, dirigé vers la terre ; le second, la brise de terre,
qui souffle vers le large. Les pêcheurs s'en servent pour rentrer au port ou pour en sortir.

Indépendamment des variations de la température, de nombreuses causes influent sur la production des courants aériens,
vents réguliers ou bourrasques. La tension électrique plus ou
moins forte de l'air, la différence de densité de deux couches

voisines, l'une sèche, l'autre chargée de vapeur d'eau, la condensation subite de cette vapeur en suspension peuvent également donner naissance à des coups de vents qualifiés de

tempêtes, ouragans, typhons, tornados, cyclones, et d'autres noms encore, suivant les mers.

Dans tous les cas, la route suivie par les masses d'air n'est jamais rectiligne. Elle ne paraît telle que si l'on envisage une partie seulement de leur parcours. Dans l'air, comme dans les courants d'eau, les molécules entraînées sont loin d'être animées d'une vitesse uniforme. Il en résulte la formation de tourbillons animés d'un double mouvement : mouvement de translation dans une direction déterminée, mouvement de rotation autour d'un axe. Toutes les tempêtes peuvent donc, scientifiquement, être comprises sous la dénomination très large de cyclones, cette expression venant d'un mot grec qui signifie cercle. C'est le physicien allemand Dove qui, grâce aux progrès constants de la météorologie, a pu formuler de nos jours cette loi qui régit les plus furieux ouragans.

« Un grand siècle, le siècle Titan, le dix-neuvième, a froidement observé ces objets. Il a le premier osé regarder l'orage à la face, noter sa furie, écrire, pour ainsi dire, sous sa dictée. Ses présages, ses caractères, ses résultats, tout a été enregistré. Puis on a expliqué et généralisé. Un système a surgi, nommé d'un titre hardi, qui jadis eût semblé impie : *Loi des Tempêtes.* »   (J. MICHELET.)

La vitesse du vent est très variable. On dit, sur mer, qu'il y a tempête lorsque cette vitesse est de 25 à 30 mètres par seconde ; — ouragan, quand, par seconde, elle atteint de 30 à 40 mètres.

Le célèbre auteur du roman pastoral de *Paul et Virginie,* Bernardin de Saint-Pierre, décrit ainsi une tempête éprouvée par son vaisseau dans les mers de l'Inde.

« Quand nous eûmes doublé le cap de Bonne-Espérance, et que nous vîmes l'entrée du canal de Mozambique, le 23 de juin, vers le solstice d'été, nous fûmes assaillis par un vent épouvantable du Sud. Le ciel était serein, on n'y voyait que quelques petits nuages cuivrés, semblables à des vapeurs rousses, qui le traversaient avec une vitesse plus grande que celle des oiseaux. Mais la mer était sillonnée par cinq ou six vagues longues et élevées, semblables à des chaînes de collines, espacées entre elles par de larges et profondes vallées. Chacune de ces collines aquatiques était à deux ou trois étages. Le vent détachait de leurs sommets anguleux une espèce de crinière d'écume, où se peignaient çà et là les couleurs de l'arc-en-ciel. Il en emportait aussi des tourbillons d'une poussière blanche qui se répandait au loin dans leurs vallons, comme celle qu'il élève sur les grands chemins en été. Ce qu'il y avait de plus redoutable, c'est que quelques sommets de ces collines, chassés en avant de leurs bases par la poussée du vent, déferlaient en énormes volutes, qui se roulaient sur elles-mêmes

en mugissant et en écumant, et eussent englouti le plus grand
vaisseau s'il se fût trouvé sous leurs ruines.

« L'état de notre vaisseau concourait avec celui de la mer
à rendre notre situation affreuse. Notre grand mât avait été
brisé la nuit par la foudre, et le mât de misaine, notre unique
voile, avait été emporté le matin par le vent. Le vaisseau,
incapable de gouverner, voguait en travers, jouet du vent et
des lames. J'étais sur le gaillard d'arrière, me tenant accroché
aux haubans du mât d'artimon, tâchant de me familiariser
avec ce terrible spectacle. Quand une de ces montagnes appro-
chait de nous, j'en voyais le sommet à la hauteur de nos
huniers, c'est-à-dire à plus de cinquante pieds au-dessus de
ma tête. Mais la base de cette effroyable digue venant à passer
sous notre vaisseau, elle le faisait tellement pencher que ses
grandes vergues trempaient à moitié dans la mer qui mouillait
le pied de ces mâts, de sorte qu'il était au moment de chavirer.
Quand il se trouvait sur sa crête, il se redressait et se renver-
sait tout à coup en sens contraire sur sa pente opposée avec
non moins de danger, tandis qu'elle s'écoulait de dessous lui
avec la rapidité d'une écluse, en large nappe d'écume.

« Il était alors impossible de recevoir quelque consolation
d'un ami, ou de lui en donner. Le vent était si violent qu'on
ne pouvait entendre les paroles mêmes qu'on se disait en
criant à l'oreille à tue-tête. L'air emportait la voix, et ne
permettait d'ouïr que le sifflement aigu des vergues et des
cordages, et les bruits rauques des flots, semblables aux hur-
lements des bêtes féroces. Nous restâmes ainsi entre la vie et
la mort, depuis le lever du soleil jusqu'à trois heures après
midi. »

L'électricité joue un rôle important dans la formation des
ouragans.

Un échange continu de fluide électrique s'opère entre la
terre ferme et la couche d'air qui l'entoure sur une épaisseur

BONNE BRISE.

évaluée à 50 kilomètres. En été, l'air étant desséché cesse
d'être apte à jouer le rôle d'un corps conducteur qui permette
à cet échange de s'opérer sans conflagration violente. L'électricité s'accumule alors dans les nuages, jusqu'à ce qu'un orage
vienne rétablir l'équilibre entre le sol et les hautes régions de
l'atmosphère.

Le centre de la zone torride est le théâtre le plus fréquent
de ces tourmentes qui semblent, d'après le commandant Maury,
éclater de préférence sur le parcours du Gulf-Stream. A l'équateur, dit M. Boussingault, un observateur doué d'une ouïe
assez fine percevrait un roulement continu de tonnerre. Les
navigateurs connaissent bien de nos jours l'aspect de ces
régions lugubres qu'une voûte de nuages enserre comme un
anneau. D'un terme incontestablement pittoresque, les matelots l'appellent le *pot au noir*.

L'orage est souvent accompagné ou précédé de phénomènes
connus sous le nom de feu Saint-Elme. Au moment où
Lysandre sortit du port de Lampsaque, raconte Plutarque, des
aigrettes lumineuses parurent aux deux côtés de sa galère :
présage de sa victoire future sur la flotte athénienne ! Moins
superstitieux et plus pratique, le chevalier Forbin, témoin, en
1696, de l'apparition de gerbes de flammes à l'extrémité des
mâts de son vaisseau, envoya un matelot — pour descendre ce
feu irrévérencieux. Le matelot ne réussit pas. Le contraire eût
été surprenant, car il s'agissait là d'une manifestation électrique.
Quelque chose d'analogue au feu Saint-Elme se passe quand
on fait tourner dans l'obscurité le plateau de verre d'une machine de Ramsden après avoir pris soin de fixer des pointes sur
les cylindres de l'appareil. De chacune de ces pointes jaillit
une sorte de pinceau de lumière, résultant de l'écoulement
silencieux du fluide accumulé.

Mais l'action de l'électricité ne se borne malheureusement

pas à ces phénomènes curieux et sans danger. On s'accorde aujourd'hui à lui reconnaître la plus grande part dans la formation des trombes.

On voit parfois, sur les mers, un nuage noir se creuser en un cône dont l'extrémité s'abaisse vers les flots. Bientôt la mer blanchit et semble bouillonner. L'eau, comme aspirée par le nuage, s'élance dans les airs, soulevée par une irrésistible force. La montagne liquide s'unit à la colonne de vapeurs. Les sifflements aigus du vent traversent et déchirent les mugissements profonds de l'océan. On voit l'eau tournoyer en spirale aux flancs du météore for-

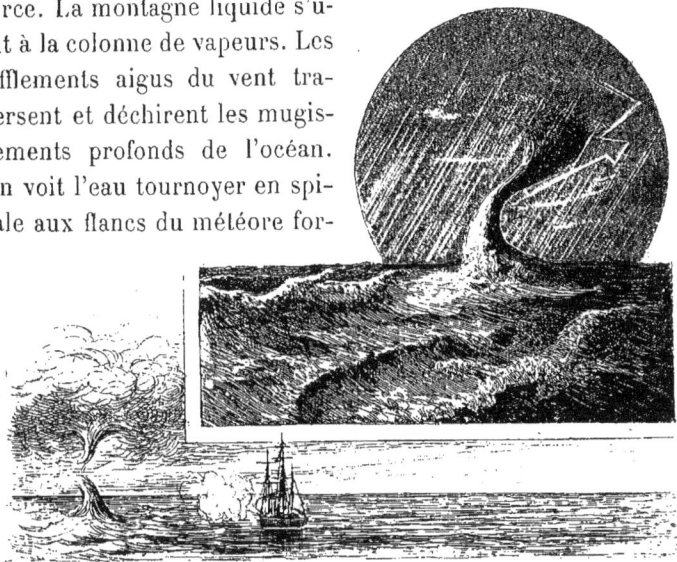

midable qui, animé lui-même d'un mouvement de translation en avant, court sur les flots furieux.

Ce qui démontre bien la nature électrique du phénomène, c'est qu'on l'a observé, non seulement pendant les journées orageuses, mais aussi par un ciel dégagé de nuages. Souvent il s'en forme plusieurs à la fois. Le commandant Page, naviguant dans la Méditerranée, assista tout à coup à la formation de sept trombes alors que, dit-il, « le ciel était de ce brillant azur qu'on ne rencontre que sous le climat d'Andalousie ».

On a eu recours à un procédé assez singulier pour com-

battre les trombes. Le capitaine Napier a fait tirer le canon
sur la colonne liquide, et le moyen a réussi. La trombe, coupée
en deux, a flotté un moment ; les deux fragments, se tordant
comme des tronçons de serpents, se sont même rejoints ;
mais le charme était apparemment rompu, car ils se sont
désunis de nouveau, et la trombe s'est fondue en une pluie
torrentielle.

Les cyclones sont les plus formidables des tourmentes
atmosphériques.

Ils se forment le plus souvent dans la région des calmes
équatoriaux, c'est-à-dire dans la zone où se rencontrent les
vents alizés convergeant des deux hémisphères opposés. Aux
Antilles et dans les mers des Indes, les cyclones portent le
nom de *typhons*. Sur la côte d'Afrique, on les appelle *tornados*.

Une teinte sanglante du soleil annonce en général l'approche
de la tempête. L'air devient étouffant. Souvent, des nuages qui
semblent écraser l'horizon, s'échappent des éclairs si nombreux
qu'on les a comparés aux jaillissements d'une cascade lumineuse. La mer rugit comme une bête sauvage, se plaint et
beugle comme des milliers de voix terrifiées et sanglotantes.
Au centre du cyclone, l'appel du vent soulève des vagues
monstrueuses que rend plus lugubres encore l'éclat phosphorescent qu'elles projettent. A tout prix, le navire doit fuir l'axe
du tourbillon pour chercher à entrer dans ce qu'on appelle le
demi-cercle maniable, c'est-à-dire ce côté de la courbe où le
mouvement de rotation du vent se trouve contrarier le mouvement de translation qui emporte la tempête avec une vitesse
que certains auteurs comparent au quadruple de celle des
locomotives, et même à celle d'un boulet de canon !

C'est alors, dans ces spasmes de la mer, dans ces convulsions
terribles de l'océan, quand le salut de tous dépend d'une ma-

nœuvre inexécutée ou mal comprise, c'est alors que l'on peut juger la valeur morale d'un équipage et celle des officiers qui le commandent. Une erreur du chef, une hésitation des matelots, et tout est perdu. Une confiance réciproque, une discipline qui n'ait pas faibli, et c'est le salut. « Moi, capitaine, maître, après Dieu, du navire, » telle est l'antique formule qui ouvre et clôt les livres de bord. Elle résume, pour ceux qui obéissent, d'admirables vertus de dévouement, de sacrifices et d'héroïsme obscur; elle implique, pour les chefs, de non moins rares qualités de justice, de caractère et d'énergie.

CHAPITRE V

Action de la mer sur les côtes. — Érosion des falaises. — La pointe du Raz. — L'île d'Is. — Les îles Shetland. — Les fiords de Norvège. — Grotte de Fingal. — Chaussée-des-Géants.

Rien de plus variable que l'aspect des côtes. A la diversité qui résulte de la constitution géologique propre à chacune d'elles vient encore s'ajouter, pour renouveler le spectacle, l'action perpétuelle de l'océan, soit que ses vagues, comme des béliers, battent avec fracas les falaises, soit qu'elles minent sourdement, qu'elles sapent, d'une façon insensible, avec une lenteur perfide, le pied d'escarpements qui, rongés par la base, finissent par s'abîmer tout à coup dans les flots.

La mer et la terre ferme sont, on peut le dire, comme les tenants gigantesques d'un duel incessant. Mais tandis que l'océan, vaincu, se borne à retirer ses vagues et rentre en grondant dans ses profondeurs sans que rien, au premier abord, décèle les conquêtes cependant réelles du sol, — les grèves, le plus souvent, déchiquetées par endroits comme à coups de scie, portent, visibles pour tous, les cicatrices, les marques indélébiles des attaques toujours renouvelées des flots.

On se tromperait en supposant que l'extrême dureté de leurs assises granitiques puisse préserver les falaises. Nulle part, au contraire, la puissance effroyable des vagues ne s'accuse plus visiblement que dans les entailles profondes de ces masses rocheuses.

Transportons-nous à l'extrémité des côtes du Finistère. A plusieurs lieues des grèves, dans l'intérieur des terres, on entend les mugissements de la mer, prolongés, multipliés par les échos comme un tonnerre lointain. Si l'on s'aventure sur la pointe du Raz, un spectacle inouï se déploie sous les yeux. Du large, les vagues accourent et déferlent. La mer, par les vents d'ouest, brise effroyablement sur les écueils, et jusque sur la pointe, élevée cependant de 80 mètres au-dessus du niveau de l'eau, des flocons d'écume viennent éclabousser le visage du spectateur captivé, retenu malgré lui par la sublime horreur du tableau. L' « Enfer de Plogoff » est là ; non loin s'élevait l'antique ville d'Is : l'océan l'engloutit dans un jour de colère ; et des matelots superstitieux ont cru, plus d'une fois, entrevoir au fond de l'abîme ce cadavre de cité. La « Baie des Trépassés » est là : des femmes en deuil y viennent, à certains jours de l'année, injurier la mer qui les fit veuves, et jeter dans ses flots meurtriers des couronnes funéraires dédiées aux mânes de ceux qui ne sont jamais revenus. L'Enfer de Plogoff, la Baie des Trépassés... ce sont les rudes marins de la côte qui ont donné ces noms de terreur et de mort à ces profondes échancrures dont l'océan a dentelé, déchiré la terre de granit.

Seules, les côtes battues par les mers du Nord peuvent offrir un caractère plus sauvage.

Parfois, l'assaut furieux, perpétuel des vagues trop resserrées dans les détroits d'un archipel n'a laissé debout que la carcasse rocheuse des îles qui le formaient. Dans les Shetland, au nord de l'Ecosse, quelques rocs isolés, abrupts, tout blanchis des embruns, sont les seuls vestiges qui demeurent actuellement d'une île autrefois verdoyante et peuplée. Eux-mêmes, ces rocs disparaîtront sans doute.

Quand c'est un continent qui se trouve aux prises avec la violence des vagues, celles-ci, de-ci, de-là, le creusent comme autant de coins. Les côtes de Norvège présentent ainsi des indentations profondes, d'étroites et longues criques, les *fiords*, par où la mer, entre deux murailles parallèles de roc, s'engouffre avec fracas. Au Lyse-fiord, à l'est de Stavanger, le flot s'enfonce de 43 kilomètres dans la terre ferme.

L'existence primitive de *failles*, en d'autres termes la présence, entre deux contreforts de rocs, d'une assise de matière plus friable que la mer a pu ronger, dissoudre, emporter peu à peu, — explique seule ces pénétrations profondes de l'océan au cœur du continent. Les côtes de l'Islande, celles de l'Ecosse et des îles Hébrides présentent, dans de moins gigantesques proportions, des découpures très analogues à celles des fiords norvégiens.

On a rapproché de ces phénomènes d'érosion d'autres phénomènes, évidemment connexes, mais distincts cependant, en ce que la mer n'en apparaît pas comme la cause principale. C'est bien l'action répétée des vagues, par exemple, qui a découvert, mis à nu la Chaussée-des-Géants, sur les côtes d'Irlande, ou la fameuse grotte de Fingal, dans l'île de Staffa (îles Hébrides). Mais l'aspect si pittoresque de ces sites est dû à la constitution même des terrains. Les milliers de colonnes polygonales, comparables aux piliers élancés des chefs-d'œuvre de l'architecture gothique, qui donnent à la Chaussée-des-Géants son caractère bizarrement original, ont, en effet, comme celles de la grotte du héros légendaire d'Ossian, une origine exclusivement volcanique. Elles ne sont autre chose qu'un produit des volcans anciens : le basalte, lave qui, étendue d'abord en coulées continues, s'est, à la suite de retraits dus au refroidissement, condensée, par une sorte de cristallisation, en de longs prismes verticaux affectant volontiers des formes géométriques et brisés en plusieurs morceaux pour la plupart. Ici, la mer n'a fait qu'enlever la couche de terre ou de détritus divers qui avait pu recouvrir les stratifications ainsi formées.

CHAPITRE VI

Nous venons de voir quelle est l'action destructive des flots. Les pierres arrachées des falaises rocheuses, sous la rude caresse du flux qui les apporte, du reflux qui les emporte, roulées à ce perpétuel mouvement de va-et-vient, se polissent l'une l'autre, s'arrondissent, deviennent les galets, si communs en particulier sur les plages normandes. Par les temps calmes, les galets, formant bourrelet, amortissent le choc des vagues ; dans les grandes tempêtes, en revanche, le flot furieux les enlève et en lapide la falaise.

Si les érosions ont porté sur des terrains d'une nature plus friable, les matériaux détachés, s'écrasant l'un contre l'autre, peu à peu se désagrègent, s'émiettent et constituent le sable. Des actions chimiques peuvent hâter ce résultat, la mer contenant de nombreux sels susceptibles de se combiner, en les décomposant, avec certains minéraux des falaises. En Irlande, les côtes de Valentia, lorsque la température subit une variation brusque, fument au contact de l'eau : c'est une sorte de combustion qui s'ajoute à l'action mécanique triturante du flot.

Sur les plages plus basses où la pente des eaux est relativement ment faible, la mer, à chaque marée, dépose en général plus de

5

matériaux qu'elle n'en arrache. Les vagues, en raison de l'élan
qui les amène du large, possèdent une force d'entraînement
plus grande à la marée montante qu'au moment du jusant.
Ainsi s'explique la formation de ce qu'on appelle le cordon
littoral, cette ceinture d'algues et de débris divers, que le reflux
laisse à découvert tout le long de la grève.

On peut, sur certaines plages, reconnaître au premier coup
d'œil la hauteur où monte la marée. De longues herbes
marines, roulées sur elles-mêmes, tordues par la vague, des
coquillages, des bancs réguliers de galets, révèlent à l'observateur, non seulement le point atteint par le dernier flux, mais
encore celui des plus hautes marées. Ces *laisses* de la mer sont
comme l'indication permanente et irrécusable de la limite où
s'arrête sa crue.

Les amoncellements de galets sur la plage demeurent sans
danger pour les riverains. Au contraire, le sable le plus fin
déposé par le flux, cette poussière d'impalpables atomes qu'un
souffle éparpille dans l'air, recèle, à cause même de sa ténuité,
un péril contre lequel, pendant une durée de longs siècles,
l'homme s'est trouvé désarmé.

Dans les départements des Landes, en particulier, une plage
sans découpures s'offre, sur plus de 100 kilomètres, aux
vagues de l'océan. Nulle part la mer, dans les beaux jours,
ne paraît plus calme et moins turbulente. Les flots viennent
expirer sur le rivage, par cela seul, on dirait, que leur force de
propulsion se trouve épuisée. Ils n'apportent pas de galets, à
peine quelques cordons d'algue, et ne laissent, en refluant,
qu'un sable doux comme un tapis.

Mais ce sable ainsi déposé sur la grève se dessèche rapidement au soleil, une fois la mer retirée. Les vents d'ouest,
soufflant du large, le soulèvent, peu à peu le poussent vers
l'intérieur des terres. C'est comme une brume à peine visible
qui retombe à quelque distance en arrière de la grève, s'y

superpose en couches légères, et finit par constituer une petite
colline de sable : la dune.

La même cause qui a créé la première dune tend naturellement à l'accroître. Le vent bientôt, heurtant ce mouvant mon-
ticule, en rase la cime, qui va former un second tas plus loin
dans les terres. De proche en proche le sable, si rien ne vient
arrêter sa lente et sûre invasion, gagne ainsi sur la côte. Et
l'on voit ce phénomène bizarre d'une sorte de seconde mer
émanée de la première ; une mer sèche, poudroyante, qui
étouffe, submerge, engloutit toute végétation. Au sud d'Arcachon, les talus de sable atteignent 89 et 90 mètres de hauteur !

Longtemps on a tenté, sans succès, d'entraver la marche du
fléau, d'opposer à son envahissement continu une barrière
infranchissable. Ce fut seulement vers l'année 1790 qu'un
ingénieur, Brémontier, résolut le problème au moyen de plantations combinées de carex, de genêts et de pins maritimes.
Le carex (ou laîche des sables), par les réseaux indéfiniment
multipliés de ses tiges souterraines (rhizomes), emmaille, pour
ainsi dire, et fixe le sable dans un filet vivace et résistant
auquel les genêts, puis les pins maritimes, en prenant racine
dans le sol, viendront fournir des points d'appui de plus en
plus solides. Après de persévérants essais, ce procédé a été
reconnu efficace. Généralement employé, il a gardé ou restitué
à la culture d'immenses étendues de terrain.

Avant ces plantations, les dunes gagnaient de 20 à 25 mètres
chaque année. De nombreux bourgs, Lélos, Contis, Mimizan,
avaient été, ou engloutis, ou forcés de reculer devant elles.
Aujourd'hui, grâce à l'initiative hardie de Brémontier, non
seulement elles se sont arrêtées au pied des forêts de pins,
mais celles-ci, couvrant plus de 600.000 hectares tant du littoral que de l'intérieur des Landes, ne rapportent pas moins
de quinze millions par an. Le pin, en effet, indépendamment

de sa valeur comme combustible ou bois de construction, four-
nit une résine d'où l'on extrait l'essence de térébenthine et la
colophane.

Ajoutons que la salubrité du pays a beaucoup gagné à ces
plantations.

DEUXIÈME PARTIE
NAVIGATION ET NAVIGATEURS

CHAPITRE PREMIER
NAVIGATION ANTIQUE

Origines vraisemblables de la navigation. — Navigation fluviale. — Radeaux. — Pirogues. — Navigation maritime. — Expéditions légendaires. — Le monde d'Homère. — Le périple d'Hannon. — Pythéas. — Strabon, Ptolémée. — Transition au moyen âge.

L'origine de la navigation se perd dans la nuit des temps. Comment l'homme osa-t-il se risquer sur les eaux ? Il est probable que la nécessité, mère de toutes les inventions, l'y contraignit tout d'abord.

Etablis sur le bord des fleuves, qui leur assuraient l'eau douce indispensable à la vie, les Troglodytes, ces ancêtres primitifs de notre espèce, durent être fréquemment surpris par des inondations.

L'homme, alors — comme tous les animaux entraînés, — cherchait asile sur les corps flottants. Des troncs d'arbre aux branches enchevêtrées, arrachés du sol par les débordements des rivières, furent les premiers radeaux. De bonne heure, d'autre part, l'homme remarqua que les fleuves emportaient et rejetaient au loin sur les rives des cadavres d'animaux et des débris divers. De là dut venir, aux chefs les plus hardis des tribus, l'idée de se confier au courant dans leurs navigations volontaires ou forcées. A l'aide de longues perches, on repoussait des rives le flotteur primitif, et on en écartait les épaves.

Bien plus tard seulement, on reconnut la propriété qu'ont les corps *creux* de se soutenir naturellement sur l'eau. Un inventeur préhistorique creusa au feu, ou bien usa à l'aide de pierres taillées, des troncs d'arbres abattus par la foudre. Peu à peu, l'habitude, le mépris du danger, l'ambition de diriger ces pesantes masses, conduisirent à les alléger de plus en plus. On leur donna la forme allongée des poissons. Les longues gaffes à l'aide desquelles, selon le mode encore en usage sur nos bateaux chalands, on repoussait, pour avancer, le fond de la rivière devenaient trop lourdes, embarrassantes. Un sauvage de génie accomplit une révolution en les réduisant d'un seul coup aux dimensions des rames. Nous disons : d'un seul coup, car dès lors que les perches n'atteignaient pas au fond, il fallait qu'elles fussent courtes pour être maniables. Ou poutre, ou pagaie, pas de milieu.

Dès ce moment, la pirogue vola sur les eaux.

Longtemps les ressources de l'humanité à son berceau furent réduites à ces deux types extrêmes : le lourd radeau, bon pour servir aux navigations en masse des tribus, — le canot, précieux instrument pour la pêche et la chasse, comme aussi, il faut bien le dire, pour la guerre.

Mais vint le jour où, descendant les fleuves, les premières nations arrivèrent à la mer.

Elles ne durent pas s'en approcher sans effroi. L'homme, au début, a divinisé en les personnifiant toutes les forces indomptées de la nature. La superstition ajoutait donc encore aux frayeurs de la mer. L'esprit d'audace l'emporta néanmoins. La barque fut agrandie, pontée, exhaussée sur les flots. Un tronc de jeune pin planté dans le tillac reçut les premières voiles. Des rangs de rames passèrent par des ouvertures ménagées dans les flancs du bordage. Le cœur bardé d'un triple airain, selon l'expression d'un poète latin, la race de Japhet s'élança sur les flots.

La belle époque des légendes héroïques ! Si certains récits des voyageurs modernes font sourire aujourd'hui leurs auditeurs sceptiques, il n'en est pas de même à cette enfance d'un monde naïvement crédule. Un peu voleurs, un peu commerçants, un peu pirates, les hardis aventuriers d'alors, poètes par instinct, fournissent aux rhapsodes une mine inépuisable de contes merveilleux. Le premier des devins, Orphée, a chanté l'expédition des Argonautes à la recherche de la Toison d'Or. Hercule, Thésée, Castor et Pollux accompagnaient Jason sur le navire *Argo*, dont la proue magique proférait des oracles. Le plus grand des aèdes, l'immortel auteur de l'*Iliade*, Homère, a raconté dans l'*Odyssée* le retour d'Ulysse, un des vainqueurs de Troie, dans son île d'Ithaque. Tant, même à cette époque, se relient intimement entre elles et l'idée de la conquête de la mer, e t celle de la conquête du monde !

Cédant à une tendance commune à tous les peuples, Homère fait de sa patrie le point central de la Terre, qu'il se représente comme ceinte de tous côtés par le fleuve Océan. Cette expres-

sion de fleuve dont on s'est étonné paraîtra naturelle si l'on
réfléchit que les peuples d'alors, arrivés récemment de l'intérieur des terres, ignorant absolument d'ailleurs la configuration réelle de notre globe, ne pouvaient en aucune façon
concevoir ces masses énormes et sphériques d'eau auxquelles
nous réservons la dénomination d'océan. La Méditerranée ne
leur parut qu'un fleuve particulièrement gigantesque. C'est si
bien leur idée qu'Hésiode n'hésite pas à en indiquer les sources,
et qu'Hercule lui-même en a marqué les bornes. Au delà de
ces points-limites : le Chaos.

La Grèce, l'Asie Mineure, l'Egypte ; entre ces contrées, le
Pont-Euxin (aujourd'hui la mer Noire), la mer Egée et la
Méditerranée : là se bornent les connaissances géographiques
un peu précises d'Homère. Pour le surplus, la riche imagination grecque se crée de toutes pièces des pays fabuleux.
L'Italie, pour Homère, est déjà terre féerique. Entre elle et
la Trinacrie (la Sicile actuelle), les monstres dévorants de
Charybde et Scylla engloutissent les nefs ; des rochers flottent sur les eaux. Plus loin, Circé la magicienne transforme
en porcs immondes les compagnons d'Ulysse ; le héros lui-
même n'échappe qu'en la menaçant de son glaive, et parce
qu'il a dans ses mains la plante magique que Mercure est
venu déraciner pour lui. La Trinacrie est la terre des Cyclopes.
Polyphème, de son œil unique, y surveille ses troupeaux. Des
bandes de Lestrygons égorgent et dévorent les navigateurs
échoués.

Partout le merveilleux découle des lèvres d'Homère

Comme en hiver la neige au sommet des collines,

selon l'expression que notre André Chénier emprunte au père
de l'Epopée.

Du reste, à la période des expéditions légendaires succéda
rapidement celle des explorations historiques. Tyr, Carthage

s'élevèrent. La Grèce, fille aînée de l'Asie, envoie ses colonies essaimer sur tous les bords de la Méditerranée. Hannon, pour le compte de Carthage, accomplit son célèbre Périple, et longe l'Afrique occidentale par delà les colonnes d'Hercule (aujourd'hui détroit de Gibraltar). Pythéas, parti de Marseille, pénètre dans l'Océan, reconnaît le Portugal, l'Ibérie, la Gaule, la Grande-Bretagne, et s'avance jusqu'à l'île de Thulé, qui, peut-être, est l'Islande. Le navigateur phocéen parle de la mer glacée dans la relation de ses voyages parvenue jusqu'à nous, et il est certain que la recherche de l'ambre le fit remonter jusqu'à la Baltique.

Désormais, la géographie d'Eratosthène remplace celle d'Hérodote. Le savant grec a donné du méridien terrestre une évaluation voisine de la mesure relevée de nos jours. Strabon, Pomponius Méla continuèrent son œuvre. Ptolémée, poursuivant les découvertes d'Hipparque, indique aux navigateurs des moyens plus certains de se diriger dans leur route d'après les positions respectives des étoiles. Le monde antique ne mérite plus la dédaigneuse exclamation de Platon. « Nous tous, petitement cantonnés entre le Phase et les colonnes d'Hercule, nous ne possédons qu'une partie de la terre, groupés autour de la Méditerranée comme des grenouilles autour d'un marais. »

Mais la Grèce, bientôt, dut céder devant Rome. Sa civilisation élégante lui conquit vite son farouche vainqueur. Un moment, Rome géante régna sur l'univers. Puis, la Cité[1] elle-même fléchit sous le fardeau. Le Bas-Empire, réfugié à Byzance, s'avilit dans des querelles de cirque. Il n'y a plus de Rome. Constantinople et Alexandrie, noyées dans des discussions spécieuses et futiles, ne sont pas même l'ombre de la

[1] La cité par excellence, c'est-à-dire Rome.

ville des Augustes. Il n'est plus question de conquêtes : tout s'en va à l'abandon, tout s'effondre.

Le monde antique s'abîmait dans une vaste décomposition morale, quand le flot des Barbares submergea ses épaves.

L'ordre fut lent à se rétablir.

CHAPITRE II

LA NAVIGATION AU MOYEN AGE

Une carte géographique au x° siècle. — Les croisades. — Marco Polo. — Légendes chrétiennes. — Le Paradis perdu. — Le Purgatoire. — Comment on va en Chine. — Explorations au Nord. — Les Normands ont-ils, cinq siècles avant Colomb, découvert l'Amérique ?

Le moyen âge est la période la plus barbare de l'histoire de l'humanité. La civilisation recula. Une carte géographique du x° siècle, conservée à Turin, reproduit la conception d'Homère : la Méditerranée, centre du monde, l'Europe à gauche, l'Afrique à droite, une Asie aussi grande que les deux premiers continents en haut de la feuille, — tel est l'aspect général de cette mappemonde bizarre, décorée symboliquement de quatre pseudo-tritons ou archanges, soufflant dans des conques en l'honneur des quatre vents.

Les Arabes, à cette époque, tiennent la tête de la civilisation. Ils ont recueilli ce flambeau que les peuples, marchant au progrès, se transmettent l'un à l'autre, comme jadis les coureurs anciens dans les joutes olympiques.

Pour l'Europe, les croisades, indépendamment de leur effet

moral et du soulagement qu'elles procurèrent aux peuples — rien qu'en éloignant les barons féodaux — les croisades eurent cette utilité de donner au vieux monde latin et germanique, amené par elles en contact avec les populations mahométanes, comme une initiation nouvelle aux sciences oubliées.

Benjamin de Tudèle, Rubruquis, ambassadeur de Louis IX en Tartarie et en Chine, le Vénitien Marco Polo, surtout, qui, prisonnier de Gênes, écrivit une relation précieuse de ses voyages, furent, à des degrés divers, les précurseurs du progrès.

Progrès relatif, bien entendu, car bien souvent encore l'esprit scientifique cédera la place à l'amour du fantastique. On verra le merveilleux chrétien se substituer purement et simplement au merveilleux païen. Rien de plus commun à cette époque, par exemple, que la recherche du Paradis perdu. Colomb, dans une lettre au roi d'Espagne datée de Haïti, octobre 1498, estime qu'il s'est rapproché de l'Eden. Quatre siècles avant Colomb, le chevalier Owen a trouvé en Irlande l'entrée du Purgatoire. Des récits dignes des Mille et une Nuits abondent dans les vieux chroniqueurs.

« Savez-vous comment, au xiie siècle, on se rend en Chine ? » écrit M. Flammarion dans son *Histoire du Ciel.* Le rabbin Benjamin de Tudèle va nous le dire, quoique lui-même n'ait pas fait le voyage. Ses autorités sont certaines et vous serez satisfaits de son récit. « Pour aller aux extrémités de l'Orient, « il faut quarante jours sur mer. Quelques-uns assurent que « cette mer est un détroit sujet à de violentes tempêtes que « la planète Orion y excite avec tant de furie qu'il est impos- « sible à aucun navigateur de les surmonter... Les vaisseaux y « demeurent si longtemps que les hommes, ayant consommé « leurs vivres, finissent par y périr. » Eh bien ! voici comment les marins qui hantent ces mers échappent aux tempêtes et à la faim : ils embarquent des outres hermétiquement fermées ; ils les gonflent de vent, et, dans cet état, elles reprennent la forme de l'animal dont la peau va servir de nacelle. Au moment du péril, quand il n'y a plus nul espoir de salut, chaque aventureux matelot entre avec sa bonne épée dans cette embarcation. Jouet des flots qui l'emportent en mugissant, elle serait peut-être bientôt submergée ; mais les aigles, les terribles griffons qui volent incessamment au-dessus des vagues agitées, s'élancent sur cette proie que leur envoie la tempête ; ils ravissent de leur serre puissante la nacelle du voyageur, bête égarée de quelque troupeau ; ils l'enlèvent parmi les nuées, pour la déposer dans quelque vallée solitaire ou sur quelque montagne escarpée : c'est alors que le hardi matelot fait usage de son épée, et qu'il échappe à une mort certaine en abattant l'aigle terrible qui se préparait à le dévorer. »

Rien à objecter : c'est ainsi que Sinbad le marin se fait enlever par l'oiseau Rokh pour aller à la recherche des diamants et des pierres précieuses !

En même temps que se racontaient ces expéditions fantastiques, d'autres explorations, celles-là sérieuses, se poursuivaient dans la région du Nord. Des flibustiers normands (Northmen, hommes du Nord), partis de la Scandinavie, visitaient les mers du Nord. De bonne heure, au viii⁰ siècle, ils avaient reconnu les côtes de l'Irlande. Plus tard, dépassant les Shetland, ils atteignirent l'Islande et la longèrent dans toute son étendue. Dès le x⁰ siècle, les pirates scandinaves poursuivant la baleine et le phoque dans les régions boréales, gagnèrent le Groënland. Seul, le détroit, nommé depuis détroit de Davis, les séparait de l'Amérique septentrionale.

Le franchirent-ils ? Beaucoup l'ont pensé :

« En l'an 1001, écrit Malte-Brun dans son *Précis de géogra-*

phie universelle, l'Islandais Biorn, cherchant son père au Groënland, est poussé, par une tempête, fort loin au sud-ouest ; il aperçoit un pays plat tout couvert de bois, et revient par le nord-est au lieu de sa destination. Son récit enflamma l'ambition de Léif, fils de cet Eric Randa qui avait fondé les établissements du Groënland.

« Un vaisseau est équipé ; Léif et Biorn partent ensemble ; ils arrivent sur la côte que ce dernier avait vue. Une île cou-

verte de rochers se présente ; elle est nommée Helleland. Une terre basse, sablonneuse, couverte de bois, reçoit le nom de Markland. Deux jours après, ils rencontrent une nouvelle côte, au nord de laquelle s'étendait une île ; ils remontent une rivière dont les bords étaient couverts de buissons qui portaient des fruits très agréables. La température de l'air paraissait douce à nos Groënlandais, le sol semblait fertile et la rivière abondait en poissons, surtout en beaux saumons.

« Étant parvenus à un lac d'où la rivière sortait, nos voyageurs résolurent d'y passer l'hiver. Dans le jour le plus court, ils virent le soleil rester huit heures sur l'horizon ; ce qui

suppose que cette contrée devait être à peu près par les qua-
rante-neuf degrés de latitude. Un Allemand, qui était du
voyage, y trouva du raisin sauvage. Il en expliqua l'usage aux
navigateurs scandinaves, qui en prirent occasion de nommer
le pays Vinland, c'est-à-dire pays du vin.

« Les parents de Léif firent plusieurs voyages au Vinland.
Le troisième été, les Normands virent arriver dans des bateaux
de cuir quelques indigènes d'une petite taille, qu'ils nom-
mèrent « skrœlingues », c'est-à-dire nains ; ils les massa-
crèrent, et se virent attaqués par toute la tribu qu'ils avaient
si gratuitement offensée. Quelques années plus tard, la colonie
scandinave faisait un commerce d'échange avec les naturels
du pays, qui leur fournissaient en abondance les plus belles
fourrures. Un d'eux ayant trouvé moyen de s'emparer d'une
hache d'armes, en fit immédiatement l'essai sur un de ses compatriotes qu'il étendit mort sur la place ; un autre sauvage se
saisit de cette arme funeste et la jeta dans les flots.

« Les richesses que ce commerce avait procurées à quelques
hommes entreprenants engagèrent beaucoup d'autres à suivre
leur trace. Aucun témoignage positif n'indique que ces navigateurs y aient fondé des établissements stables : seulement,
on sait qu'en 1121 un évêque, Eric, se rendit du Groënland
au Vinland, dans l'intention de convertir au christianisme ses
compatriotes encore païens.

« Révoquer en doute la véracité de rapports aussi simples et
aussi vraisemblables, ce serait outrer le scepticisme ; mais, si
on les admet, il est impossible de chercher Vinland autre part
que sur les côtes de l'Amérique septentrionale. Cette partie
du monde avait donc été découverte par des Européens cinq
siècles avant Christophe Colomb ; et cette découverte, la première qui soit historiquement prouvée, ne fut peut-être pas
entièrement inconnue à l'habile et courageux Génois, qui le
premier sut ouvrir entre les deux hémisphères une communication suivie. »

CHAPITRE III

GRANDS EXPLORATEURS DE CHRISTOPHE COLOMB
A LA PÉRIODE MODERNE

Christophe Colomb. — Rivalité du Portugal et de l'Espagne. — La bulle de Borgia.
— Portugal : Diaz, Gama. — Les Lusiades. — Espagne. — Magellan, del Cano. —
Le premier voyage autour du monde. — Premières explorations au Pôle Nord.

Il faut arriver au xv⁵ siècle pour voir s'ouvrir la période des grandes découvertes. L'Espagne s'y montre au premier rang, grâce à Christophe Colomb.

C'était un navigateur de Gênes. Rebuté par ses concitoyens, il obtint, à force de sollicitations, trois vaisseaux de l'Espagne, et partit dans la direction de l'ouest. On connaît les incidents dramatiques qui marquèrent son voyage (1492). Son vaisseau, emporté tout d'abord par les vents alizés, fut retardé long-temps par la mer des Sargasses et les calmes plats de l'équa-teur. Des poètes ont montré le grand navigateur sollicitant un dernier délai de ses matelots révoltés.

Après quatre voyages, Colomb ne recueillait, à la cour de la reine Isabelle d'Espagne, qu'humiliations et dédains.

— Comment faire tenir un œuf sur sa pointe ? demandait-il un jour, fatigué des sourires affectés de ses détracteurs.

Et comme aucun d'eux ne réussissait à réaliser l'équilibre, Colomb, écrasant l'œuf sur sa pointe et le mettant ainsi debout, leur dit :

— C'était facile, messeigneurs.

C'était facile en effet, et facile aussi de découvrir l'Amérique, — à condition d'avoir la puissance de volonté nécessaire pour écraser, comme l'œuf, les résistances d'adversaires acharnés.

Les envieux eurent seulement la triste consolation de faire jeter en prison un homme plus grand qu'eux tous.

La découverte du Nouveau-Monde imprima une vigoureuse impulsion aux explorations maritimes. Le Portugal et l'Espagne, notamment, se disputaient par avance les terres encore inconnues. Le pape Alexandre VI — un Borgia — donna à cette occasion un exemple d'impartialité qui rappelle certain jugement de Salomon. Il attribua généreusement aux Portugais toutes les terres à l'Est et aux Espagnols toutes les terres à l'Ouest d'un méridien passant par l'île de Fer (l'une des îles Canaries), méridien déjà choisi par Ptolémée. Par malheur, après cette décision assurément subtile, prise pour tout concilier, il arriva que, la terre étant ronde, Portugais et Espagnols, les uns par l'Est, les autres par l'Ouest, se heurtèrent au même point.

Quoi qu'il en soit, chacun des deux pays eut sa part de gloire et de profits.

Barthélemy Diaz, en 1486, s'avança, pour le compte du roi de Portugal, jusqu'à l'extrémité sud de l'Afrique, qu'il appela cap des Tempêtes, et que son souverain, par euphémisme, baptisa du nom de cap de Bonne-Espérance.

Après Diaz, Vasco de Gama, autre Portugais, suivit le même trajet, longea l'Afrique à l'Ouest, dépassa le cap atteint par son prédécesseur, et, remontant la côte orientale de l'Afrique, arriva jusqu'aux grandes Indes.

Camoëns, l'Homère portugais, a immortalisé, dans son épopée des *Lusiades*, cette héroïque entreprise. L'évocation du Géant des Tempêtes et l'apparition sur les ondes d'Adamastor irrité, prédisant aux matelots les périls qui les guettent, comptent parmi les plus belles inspirations de la poésie lyrique.

« Audacieux, s'écrie le Titan, apprends de moi les maux que ton impiété va déchaîner sur ta tête. C'est la nature entière que ta témérité révolte. L'ouragan se jouera de ton vaisseau sacrilège. Un châtiment terrible attend celui qui violera ces mers, vierges encore de toute profanation humaine... C'est moi, cette Terre cachée que n'ont jamais connue Ptolémée, Pomponius, Pline, ni Strabon. Je suis la montagne ignorée, la borne immense de l'Afrique. Je suis Adamastor : comme Encelade, comme Egée, fils effroyable de Ghéa. C'est moi, dans la révolte contre le Dieu des tonnerres, qui pliai le dernier. D'autres entassèrent sommets sur sommets. Moi, soulevant les mers, j'engloutis sous les flots les armées de Neptune, et j'en triomphai, longtemps ! »

Fernand Magellan, rival de gloire de Gama, et portugais comme lui, navigua cependant sous le pavillon espagnol. Suivant la route du Sud-Ouest, il découvrit le terrible détroit qui porte son nom entre la Terre-de-Feu et la Patagonie, le franchit, d'une énergie vraiment surhumaine, malgré la révolte de ses équipages, qui voulaient rebrousser chemin, malgré un naufrage qui engloutit plusieurs de ses navires, malgré l'horreur d'une contrée hérissée, déchiquetée, qui semble, a dit Michelet, « une tourmente de granit ». Il s'engagea dans l'Océan Pacifique, toucha aux îles Mariannes, puis aux Philippines, où il fut tué par les indigènes en 1521. Son pilote, l'intrépide Basque Sébastien del Cano, prenant le commandement du seul navire survivant, *la Victoire*, le ramena en Espagne par Malacca et le cap de Bonne-Espérance. Le premier des humains, il avait fait le tour du monde !

Charles-Quint l'anoblit, lui donna pour armes un globe terrestre avec cette inscription :

Primus circumdedisti me.
Tu m'as contourné le premier.

« Rien de plus grand. Le globe était sûr désormais de sa sphéricité. Cette merveille physique de l'eau uniformément étendue sur une boule où elle adhère sans s'écarter, ce miracle était démontré. Le Pacifique enfin était connu, le grand et mystérieux laboratoire où, loin de nos yeux, la nature travaille profondément la vie, nous élabore des mondes, des continents nouveaux.

« Révélation d'immense portée, non matérielle seulement, mais morale, qui centuplait l'audace de l'homme et le lançait dans un autre voyage sur le libre océan des sciences, dans l'effort (téméraire, fécond) de faire le tour de l'infini. » (J. MICHELET.)

Après del Cano, les expéditions autour du monde se multiplient. La voie est connue désormais. Les routes sont ouvertes

qui mènent vers les terres nouvelles, soit par le Sud-Est, en
affrontant les tempêtes du cap de Bonne-Espérance, comme
Dampier, Surville, Vancouver, soit par le
Sud-Ouest, en suivant les traces de Magellan, comme Drake, Cavendish, Dampier
encore, Bougainville, Cook, Lapérouse, et
tant d'autres dont il faudrait étudier les
voyages étapes par étapes !

Les régions glacées du Nord ne furent pas
sans tenter de bonne heure les hardis découvreurs de mondes.
Le but de l'entreprise, c'était tantôt de trouver un continent
polaire, tantôt de rechercher un passage vers la Chine qui
abrégeât le si long parcours par le cap de
Bonne-Espérance. Davis, Hudson, Baffin, Cook
et Vancouver prennent la direction Nord-
Ouest ; Wood, en 1676, échoue par le Nord-
Est. Behring découvre, en 1728, le détroit qui
a gardé son nom ; il périt dans ces mêmes
parages en 1741. Mais ces héroïques tentatives
méritent mieux qu'une brève mention ; leur histoire figurera
dans un chapitre spécial. L'exploration des pôles, restée inachevée, constitue en effet la plus grande œuvre qu'aient léguée
au xixᵉ siècle les intrépides conquérants de la mer.

CHAPITRE IV

NAVIGATION MODERNE

La marine moderne dispose de ressources incomparablement plus puissantes que la navigation ancienne.

Actuellement les embarcations se distribuent en trois catégories, d'après la force qui les fait mouvoir : embarcations à la rame, bâtiments à la voile, et bateaux à vapeur.

Tout le monde connaît les canots. Tantôt les rames qui servent à les faire avancer prennent un point d'appui dans des échancrures creusées sur les côtés du canot; tantôt il n'y a qu'une seule rame, très longue, que l'on plonge dans l'eau alternativement de chaque côté du bateau; tantôt enfin la rame unique appelée godille est à l'arrière du canot et sert en même temps de propulseur et de gouvernail.

Les chaloupes sont des embarcations un peu plus grandes que les canots. Comme les canots, elles n'ont pas de pont et sont manœuvrées par un ou plusieurs rameurs.

Autrefois, il y avait de très grands navires à rames, que l'on appelait les galères. Les peuples anciens, les Romains, les Grecs, les Carthaginois s'en servaient comme navires de guerre. Les trirèmes, c'est-à-dire les galères munies de trois rangs de rames, avaient 20 mètres de long. On cite des galères géantes de ce temps-là, par exemple, celle de Ptolémée Philadelphe, qui portait quarante rangs d'avirons.

La France a eu aussi des galères. Le roi François Ier condamna les forçats à ramer sur ces navires, et de là vient que les forçats se sont appelés galériens.

Les plus grandes galères, que l'on nommait galéasses, avaient une longueur de 40, 50 et même 60 mètres. Il fallait cinq hommes pour manier chaque aviron. Comme ces navires servaient pour la guerre, ils étaient pontés, et on plaçait sur le pont des pièces de canon.

Maintenant ces grandes embarcations à rames ont partout disparu. On a trouvé avantage à utiliser comme propulseur la force du vent ou celle de la vapeur, de préférence à celle des bras de l'homme.

Les navires à voiles, comme ceux à vapeur, comportent différents types.

Les navires à voiles, chacun le sait, empruntent au vent la force qui les fait mouvoir. Il existe ainsi une infinité de petits bateaux de pêche ou de plaisance, décorés des noms les plus gracieux : yoles, felouques, balancelles, etc.

Parmi les bâtiments d'une plus grande importance, les principaux modèles sont le cotre, la goélette, le brick, le trois-mâts et les clippers.

Le cotre — ou *sloop*, ou *cutter*, deux noms d'origine anglaise — est un navire à un seul mât. Il porte une voile aurique et deux voiles triangulaires : un foc et une trinquette.

La goélette et le brick sont des bâtiments à deux mâts. La goélette, d'une forme allongée, est plus légère que le brick. Elle peut s'armer en guerre et rendre de précieux services comme éclaireur.

Les trois-mâts se présentent après les bricks, par ordre d'importance croissante.

Les clippers sont les plus grands des navires à voile modernes. Ils peuvent avoir 4 et même 5 mâts.

Dans tous ces bâtiments, les voiles représentent en quelque sorte les ailes de la masse flottante. L'impulsion, reçue par les voiles que vient gonfler le vent, est communiquée à la coque du bâtiment par l'intermédiaire des mâts.

Les mâts sont des sortes de poteaux, de bois ou de fer, en une ou plusieurs pièces, plantés dans le tillac et maintenus dans une position fixe par des cordages : les haubans (ou galhaubans), qui, du sommet des mâts, descendent par couples opposés, soit vers la poupe et la proue, soit vers les flancs du navire où ils sont retenus dans des anneaux disposés à cet effet sur le pont. On nomme enfléchures les cordelettes fixées aux haubans à intervalles régulièrement espacés, et qui constituent ces sortes d'échelles de cordes par où les matelots s'élancent vers les vergues pour exécuter les manœuvres commandées, carguer (replier) une voile, souquer (roidir) un cordage, etc.

Les voiles affectent diverses formes et portent différents noms : grand'voiles, huniers, perroquets, cacatois, contre-cacatois, etc. Entre les mâts eux-mêmes, on met souvent des voiles supplémentaires, appelées voiles d'étai.

Les bateaux à vapeur sont des bateaux dans lesquels la propulsion en avant est obtenue à l'aide d'une machine analogue à celle employée sur les chemins de fer.

On sait que c'est à Denis Papin, — un des Français chassés de leur pays par l'inique révocation de l'Edit de Nantes — que remonte la première machine à vapeur, imaginée par lui vers 1688. En 1707, Papin remonta la rivière Hulda de Cassel à Münden (Hanovre) sur un bateau mû par un appareil de son invention. Mais, à Münden, d'ignorants mariniers, croyant leur industrie menacée par cette découverte, mirent en pièces le navire. Les essais de Papin s'arrêtèrent là.

Après lui, de nombreux perfectionnements furent successivement apportés à la machine primitive. Le célèbre mécanicien anglais Watt la transforma en un appareil d'une puissance et d'une docilité merveilleuses, au point que l'inventeur, en plaisantant, disait à ses amis qu'en cas de maladie, pour éviter le bruit des domestiques, il se ferait servir par sa machine. Cependant, les moteurs à vapeur furent employés exclusivement d'abord pour les travaux des mines ou des manufactures.

Il faut arriver au xixe siècle pour les voir appliquer à la navigation.

L'Américain Fulton, après des essais suivis de succès — son bateau avait navigué sur la Seine avec une vitesse de 1ᵐ,60 à la seconde — offrit son invention à Bonaparte. L'homme de guerre ne comprit pas. Sa haine contre l'Angleterre ne suffit même point à lui ouvrir l'esprit sur la portée immense de la découverte, dans le cas d'une guerre maritime. Fulton en fut

L'ANCÊNEMENT D'UN CUIRASSÉ

8

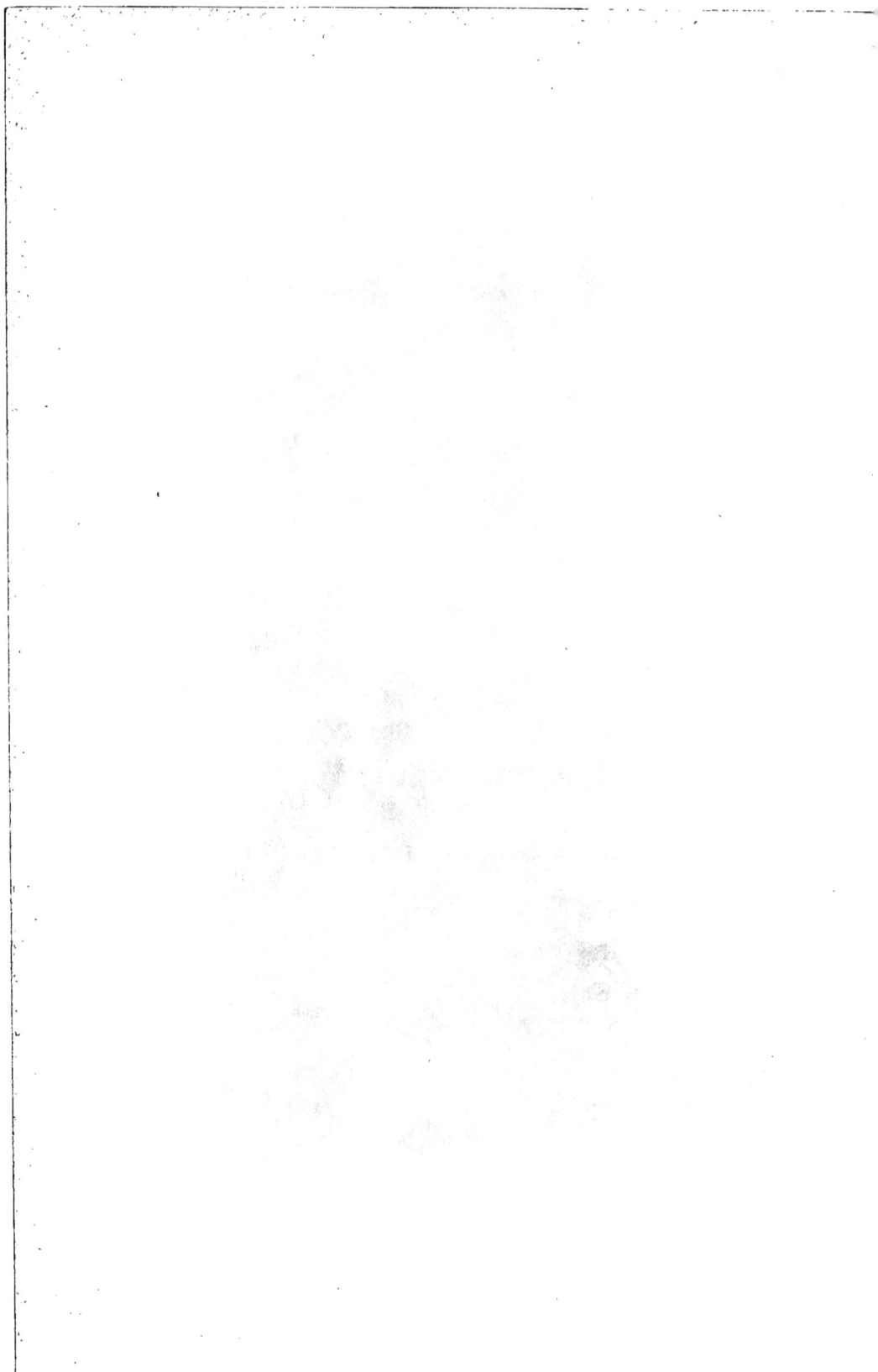

quitte pour retourner en Amérique où le triomphe l'attendait.

Dans son premier voyage, en août 1807, Fulton, sur son bateau *le Clermont*, franchit en trente-deux heures la distance de New-York à Albany (60 lieues). Le problème de la navigation à vapeur était résolu.

On distingue aujourd'hui deux sortes de bateaux à vapeur, selon que la machine actionne, ou bien des roues à aubes, ou bien une hélice.

Les roues à aubes sont des roues analogues à celles des moulins à eau. Seulement, au lieu d'être mises en mouvement par l'eau, ce sont les roues, au contraire, qui, actionnées par la machine du bâtiment, refoulent l'eau derrière elles. L'eau opposant aux roues une résistance considérable, l'effort de la machine, non seulement repousse le fluide, mais encore — seul résultat utile — contraint, par réaction, le navire à marcher dans le sens opposé. Le bateau n'avance donc pas d'une quantité correspondant exactement au nombre de tours effectués par les roues, mais d'une quantité moindre. La perte de force, le *recul*, pour employer le terme technique, atteint au moins 20 p. 100.

Les roues à aubes sont placées vers le milieu des navires et de chaque côté de la coque. Ce sont comme les nageoires du bateau. Elles occupent une position symétrique par rapport à l'axe du bâtiment. Sans cela le navire, au lieu d'avancer, tournerait sur lui-même comme fait un canot lorsque le batelier appuie plus fortement sur une rame que sur l'autre. Malgré les précautions prises, il arrive souvent, en pleine mer, que — par suite du roulis ou de toute autre cause — les deux roues d'un bateau plongent inégalement dans l'eau. Le navire, dans ce cas, dévie forcément de sa route.

Dans les bâtiments à hélice, c'est à l'arrière que celle-ci est placée. On a comparé les rames et les roues à aubes aux nageoires d'un poisson : l'hélice fait songer à la queue des grands cétacés, la baleine par exemple.

L'appareil consiste essentiellement en une pièce de fonte ou de fer, dont la forme imite celle de la figure géométrique appelée hélice (ligne en forme de vis autour d'un cylindre) : de là son nom. L'inventeur français Sauvage avait proposé, dès 1832, l'application aux navires d'un propulseur de cette forme. L'Anglais Smith, un ancien fermier, et l'ingénieur suédois Ericson, presque simultanément et à la suite de recherches indépendantes les unes des autres, firent entrer l'invention dans le domaine de la pratique.

L'hélice agit sur l'eau en s'y enfonçant de la même manière qu'une vis dans le bois. Le recul, avec l'hélice, n'atteint plus que 5 à 12 p. 100. Autre avantage sur le système des roues à aubes : — dans les bateaux à hélice, l'hélice étant entièrement immergée, ni la force du vent, ni celle des vagues de surface ne vient contrarier son action. L'immersion complète s'obtient en donnant à l'arrière du navire un tirant d'eau plus considérable que celui de l'avant.

La vitesse de rotation imprimée à l'hélice peut atteindre 70 à 100 tours par minute. Dans les torpilleurs, des machines spéciales permettent de quadrupler cette vitesse.

Enfin, nous ajouterons, pour terminer ces indications sommaires sur la force qui fait mouvoir les bateaux, que les grands navires à vapeur eux-mêmes portent des mâts et des voiles pour pouvoir gouverner au cas où la machine recevrait, en cours de voyage, une avarie assez grave pour rendre tout service impossible.

Si l'on compare la navigation à voiles avec la navigation à vapeur, on s'aperçoit bientôt que chacune présente par rapport à l'autre certains avantages et certains inconvénients.

Un navire à voiles ne marche que s'il y a du vent, et le vent ne se met pas en cale comme une provision de charbon. Les bateaux à vapeur auront donc, en général, une marche plus régulière et plus rapide que les navires à voiles.

Mais aussi, un navire à voiles coûte moins cher à construire qu'un bateau à vapeur, il exige moins d'hommes pour la manœuvre. Il emploie pour avancer une force gratuite, et ce n'est pas là une petite économie. On a calculé que la machine de certains paquebots brûlait jusqu'à 13.800 kilogrammes de charbon par heure, 230 kilogrammes par minute! Il est vrai que la vapeur ainsi obtenue non seulement fait marcher le navire, mais encore allume les lampes électriques ou les éteint, retire l'ancre, charge ou décharge au besoin les marchandises, etc.

La meilleure preuve de la vitalité de la marine à voiles, c'est qu'on trouve des voiliers, comme des bateaux à vapeur, aussi bien parmi les navires qui se livrent à la navigation au long cours que parmi ceux qui s'adonnent seulement au cabotage.

Les bateaux caboteurs sont ceux qui font le service de port à port à de petites distances, sans jamais, pour ainsi dire, perdre de vue les côtes. On distingue la navigation au cabotage et la navigation au bornage, suivant que le port de départ est plus ou moins éloigné du port d'arrivée. L'une comme l'autre est, sur nos côtes, exclusivement réservée aux bâtiments français.

Les navires au long cours sont ceux qui font les grandes traversées, les longues courses. Il y a parmi eux des steamers à vapeur, et aussi des bateaux voiliers à 3, 4 et même 5 mâts.

Il ne faut donc pas croire que la navigation à vapeur ait ruiné la navigation à voiles, ni qu'elle doive la faire disparaître de sitôt. Elle pourra seulement la remplacer avantageusement dans un certain nombre de circonstances, lorsqu'on a besoin de pouvoir manœuvrer sans avoir à s'inquiéter de prendre le vent, par exemple, lorsqu'un bateau veut opérer des dragages.

sur un fonds déterminé. De même, pour le remorquage, on emploiera de préférence les navires à vapeur. On remorque du reste, non pas seulement les bateaux à voiles, mais aussi, très souvent, pour leur faire prendre le large, les grands paquebots à vapeur qui ne pourraient pas faire manœuvrer sans danger leur puissante machine dans une rade petite ou encombrée.

Une lutte analogue à la concurrence entre les bateaux à voiles et les navires à vapeur se poursuit entre les deux systèmes de propulseurs actionnés par la vapeur : l'hélice et les roues à aubes.

L'hélice tend à l'emporter. La seule supériorité des roues à aubes paraît être de pouvoir s'employer sur des bâtiments à faible tirant d'eau tout en leur laissant une vitesse considérable. Cette qualité a permis de conserver le système des roues notamment dans les paquebots chargés du service entre les côtes de France et celles de l'Angleterre.

La marine militaire emploie exclusivement l'hélice, beaucoup plus à l'abri d'un boulet qu'une roue à aubes, et qui laisse disponible pour les machines de guerre une place plus considérable que le système des roues, grâce à des différences de construction dans les machines à vapeur employées.

Comment, ainsi parés pour de longues traversées, tous ces navires vont-ils se diriger en mer ?

CHAPITRE V

COMMENT ON SE DIRIGE EN MER

Boussole. — Habitacle. — Cartes de Mercator. — Variations des boussoles. — Observations astronomiques. — Latitudes. — Longitudes. — Détermination de la longitude. — La Connaissance des Temps. — Détermination de la latitude et de l'heure. Sextant. — Le point.

Les premiers navigateurs n'avaient pour se guider dans leurs expéditions, le jour, que l'observation du soleil et, la nuit, que celle des étoiles. De là, pour eux, privés d'ailleurs de toutes les ressources que les progrès de l'astronomie ont mises aujourd'hui entre les mains des observateurs, le danger de s'écarter des côtes, et l'impossibilité presque absolue de s'aventurer en pleine mer.

L'introduction de la boussole en Europe « ouvrit l'univers », selon une belle expression de Montesquieu. L'invention paraît avoir passé des Chinois aux Arabes. La France l'aurait reçue de ces derniers à une époque antérieure au xiiᵉ siècle, puisqu'un poète de ce temps, Guyot de Provins, parle dans ses vers de l'emploi des barreaux aimantés pour diriger un navire.

La boussole est constituée par une aiguille d'acier aimanté mobile sur un pivot. En vertu des propriétés de l'aimant, une des deux pointes de cette aiguille tend constamment à se diriger vers le Nord, et l'autre vers le Sud. Pour permettre de reconnaître sur-le-champ les deux directions, on a soin que la moitié de l'aiguille qui se dirige vers le Nord ait une teinte bleue, celle qui se dirige vers le Sud conservant la couleur gris clair de l'acier.

Dans l'habitacle (on appelle ainsi la boîte, située à l'arrière du vaisseau, qui contient la boussole) se trouve également une lame circulaire de talc ou de mica sur laquelle est gravée une étoile (ou rose des vents) divisée en 32 branches. En outre, une ligne fixe, dite *ligne de foi*, indique la direction de l'axe du bâtiment.

La boussole donnant la ligne Nord-Sud, si l'on connaît, d'autre part, la position géographique du point où le vaisseau se trouve, on sait quel angle la ligne Nord-Sud fait, sur les cartes géographiques, avec la direction que le navire doit suivre pour arriver à son port de destination. C'est donc au pilote, en agissant sur le gouvernail, d'amener l'axe du navire (ou la ligne de foi tracée sous la boussole) à faire avec l'aiguille aimantée l'angle déterminé.

Les cartes dont se servent les marins sont dessinées d'après un système spécial et portent le nom du géomètre hollandais Mercator, qui les inventa vers 1560. Les méridiens y sont représentés par des droites parallèles entre elles et les parallèles par d'autres droites perpendiculaires aux premières. Il suffit de joindre, sur ces cartes, le point où se trouve le navire au point où il veut arriver pour avoir l'angle sous lequel le navire doit traverser les divers méridiens qui se trouvent sur sa route. Ce chemin est le plus facile à calculer et à retrouver à chaque instant ; aussi est-il celui que les navires suivent presque exclusivement.

Les indications des compas (compas est le nom marin de la boussole) n'ont pas toujours toute la rigueur nécessaire. Indépendamment des erreurs provenant de ce que la boussole ne pointe pas rigoureusement dans la direction Nord-Sud, mais forme avec cette direction un angle, nommé déclinaison, variable suivant les différents points du globe, plusieurs causes, notamment l'électricité développée pendant les orages, peuvent influencer l'instrument. Il est nécessaire alors de recourir aux observations astronomiques.

Rappelons quelques définitions.

On appelle pôles les deux points où l'axe idéal de rotation de la terre rencontre sa surface ; méridien d'un lieu, le demi-grand cercle passant par ce point et s'arrêtant aux deux pôles terrestres ; équateur le plan mené par le centre de la terre perpendiculairement à la ligne des pôles. Enfin, si, par un lieu donné, on mène un plan parallèle à celui de l'équateur, le petit cercle suivant lequel ce plan coupe la surface du globe s'appellera le parallèle du lieu.

Soit PP′ la ligne des pôles, EE′ l'équateur, M un point de la surface du globe, A un point fixe choisi arbitrairement sur l'équateur. L'arc BM du méridien PAP′ du point M, compris entre ce point M et l'équateur, est ce qu'on appelle la latitude du point. L'arc AB, compris contre le point B et le point origine A, sera la longitude du même point M.

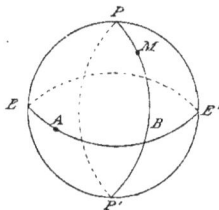

Les latitudes se comptent de 0 à 90°. Elles sont dites *boréales* quand elles sont dans l'hémisphère nord ; *australes*, quand le point considéré appartient à l'hémisphère austral.

Les longitudes se comptent de 0 à 180°, à l'Est ou à l'Ouest du méridien du point choisi comme origine (Paris pour la France, Greenwich pour les Anglais, San-Fernando pour l'Espagne). Dans le premier cas, ce sont des longitudes *orientales ;* des longitudes *occidentales* dans le second.

On voit aisément sur la figure que la connaissance de la longi-

9

tude AB et de la latitude BM d'un point quelconque M déterminent absolument ce point. Il suffit donc qu'on puisse calculer en mer ces deux quantités pour savoir exactement la position du vaisseau.

On démontre, en astronomie, que la longitude d'un lieu s'obtient en multipliant par le nombre fixe 15 la différence entre l'heure sidérale de ce lieu et l'heure qu'il est (au même moment) au point, Paris, par exemple, choisi comme origine des longitudes.

Un premier moyen pour obtenir en pleine mer l'heure de Paris consiste à emporter sur le navire un chronomètre réglé sur l'heure de l'Observatoire. Dès 1726, le célèbre horloger anglais Harrisson était parvenu à construire des instruments dont la variation (retard ou avance) n'atteignait pas une seconde par mois. En France, Le Roy et Berthoud ont encore perfectionné ces merveilleuses horloges de précision. Actuellement, un bon chronomètre ne doit pas varier d'une seconde en plusieurs mois.

Mais il n'est même pas besoin d'avoir emporté un chronomètre. Les astronomes de Paris, en effet, ont soin de consigner, plusieurs années à l'avance, les résultats de leurs calculs dans un ouvrage intitulé *la Connaissance des Temps*. En observant la position respective des astres et en se reportant ensuite à cet ouvrage, on trouve immédiatement quelle est l'heure de Paris. Grâce à ces beaux travaux, le ciel, comme l'a dit le grand astronome Herschell, le ciel est devenu une gigantesque horloge, visible de toute la terre. La lune est l'aiguille qui court sur ce cadran, dont les étoiles marquent les divisions. Quant à l'heure correspondante, elle est écrite dans la *Connaissance des Temps* qui a ainsi la gloire de compléter le firmament, du moins pour l'intelligence débile de l'homme.

L'observation des astres en mer se fait à l'aide du sextant, dont l'invention est due à Newton. Il se tient à la main, propriété importante dans un navire où l'on ne peut guère avoir d'instruments montés sur pied fixe. Une même opération donne en même temps la latitude et l'heure du navire. Tous les jours, à midi, le capitaine y procède. C'est ce qu'on appelle : faire le point.

CHAPITRE VI

LES GRANDS PAQUEBOTS

Voile et vapeur. — Emploi du fer dans les constructions navales. — Paquebots transatlantiques. — Aménagement. — Ancre. — Touée. — Vitesse des navires. — Le tour du monde en 80 jours. — Comment on évite les collisions. — Fanaux. — Communications postales.

Si l'on fait abstraction du moteur, rien ne ressemble plus à un grand navire à vapeur qu'un grand navire à voiles.

Ce sont, l'un comme l'autre, de véritables maisons flottantes. Il y en a en bois, mais beaucoup aujourd'hui sont en acier, ou, plus exactement, en fer carburé. Le fer carburé est un fer spécial obtenu soit au moyen de l'appareil appelé, du nom de son inventeur, le convertisseur Bessemer, soit au moyen des fours Siemens-Martin. La coque, le *bordé* du vaisseau, est ainsi généralement formée par un assemblage étanche de plaques métalliques, soigneusement rivées. Cet emploi du fer, qui est un grand progrès de l'art du constructeur, a eu pour conséquence inattendue de contraindre les navigateurs à observer très fréquemment les astres pour être bien sûrs de leur route, car le fer influence les compas (les boussoles) du navire et oblige à contrôler leurs indications.

C'est surtout sur les paquebots transatlantiques, steamers à vapeur ou clippers à voiles qui font, à jours fixes, la traversée d'Europe en Amérique, que s'est déployée toute l'ingénio-

sité des constructeurs maritimes. On trouve, dans ces paquebots, plusieurs ponts superposés, correspondant, pour ainsi
dire, à autant d'étages, à partir de la cale qui représente la
cave du bâtiment. De même qu'il y a des trappes pour descendre dans les caves, de même il y a, sur chaque pont, des

ouvertures carrées, les écoutilles ou écoutillons, donnant accès
sur le pont inférieur. Ces écoutilles sont fermées par des pan-
neaux, pour éviter l'irruption des paquets de mer dans l'intérieur. Les prises de jour nécessaires pour éclairer toutes les
parties du navire s'opèrent par des hublots, sortes de fenêtres
rondes formées par une plaque épaisse de verre encastrée dans
un cercle de métal.

Tous les grands bâtiments sont munis de canots et de chaloupes. Les canots permettent au capitaine, soit d'envoyer les
matelots reconnaître une côte, soit de faire parvenir des communications diverses aux navires qu'il peut rencontrer en mer.
Quant aux chaloupes, elles restent en général sur le pont du
paquebot. On ne les met en mer que dans des cas exception-

nels, par exemple si une voie d'eau s'est déclarée dans le grand navire et qu'il soit nécessaire de l'abandonner. Alors passagers et matelots se réfugient dans les chaloupes. Le capitaine doit rester le dernier à son bord.

Lorsqu'un navire veut s'arrêter, il jette l'ancre ; c'est ce qu'on appelle le mouillage. L'ancre est une pièce de fonte ressemblant à un hameçon double muni de *pattes* suffisamment puissantes pour résister, une fois accrochées aux aspérités du fond de la mer, à toutes les tractions qu'exerce le navire. On appelle écubier l'ouverture ménagée dans le bordage des paquebots pour laisser passer la chaîne de l'ancre. La partie de cette chaîne qui plonge dans l'eau au moment du mouillage se nomme la touée. En raison du poids considérable de l'ancre et de sa touée aussitôt que le navire atteint un assez fort tonnage, on ne pourrait pas la retirer de l'eau à la force des bras. On se sert, pour cela, tantôt d'un cabestan manœuvré par les hommes, tantôt d'un guindeau mû par la vapeur (guinder signifie hisser en terme de marine).

La vitesse d'un bateau dépend, pour un même chargement, des formes plus ou moins allongées ou massives de sa coque. C'est au constructeur à établir ses plans suivant la destination du bateau et le degré de stabilité qu'il veut lui assurer. Même pour les bateaux à voiles, la vitesse peut être considérable. Par une bonne brise, les gigantesques clippers à quatre et à cinq mâts, jaugeant jusqu'à cinq mille tonnes — cinq mille fois mille kilos ! — peuvent filer jusqu'à seize nœuds, marcher à une vitesse de 30 kilomètres environ à l'heure.

Les services réguliers de paquebots établis entre l'Europe et l'Amérique permettent d'aller en huit ou neuf jours du Havre à New-York. On pourrait réellement aujourd'hui faire en 80 jours le tour du petit monde qui est notre globe terrestre.

Seulement, aller aussi vite n'est amusant que dans les romans de M. Jules Verne, et si l'on prétendait voyager pour s'instruire, le tour du monde en aussi peu de temps ne serait pas un voyage sérieux.

Pour éviter les collisions en mer de deux vaisseaux lancés dans des directions différentes, on a dû établir certaines règles, absolument comme on a fait pour empêcher que deux fiacres ne s'accrochent dans la rue en voulant prendre tous les deux le même côté de la chaussée.

Chaque navire doit manœuvrer de façon à passer à bâbord par rapport à l'autre. Dans les vaisseaux d'autrefois, on voyait, en regardant de l'arrière à l'avant, le mot « Batterie » écrit en grosses lettres au-dessus du pont. De là le mot bâbord (bord de « bat... ») pour désigner le côté gauche du navire, et le mot de tribord (bord de « ... terie » et, par abréviation, bord de tri, tribord) pour en désigner le côté droit. Chaque navire appuyera donc sur tribord. Lorsqu'un steamer à vapeur rencontre un navire à voiles, c'est le vapeur, plus facile à manœuvrer que le voilier, qui doit s'écarter le premier.

C'est aussi pour se préserver des abordages que l'on a réglé la couleur et la position des fanaux que tout navire doit porter pendant la nuit. Tout bâtiment à l'ancre doit avoir un feu blanc. En marche, un navire à vapeur portera un feu rouge à bâbord, un feu vert à tribord, et enfin un feu blanc en tête du mât de misaine, c'est-à-dire du mât le plus près de l'étrave, en ne comptant pas le beaupré qui est un mât couché presque horizontalement au-dessus de la proue. Il y a deux feux blancs au lieu d'un quand le vapeur remorque soit un autre navire, soit une épave.

Un bateau à voiles qui fait route de nuit a le feu rouge et le feu vert, mais n'a pas de fanal blanc.

Le capitaine d'un navire qui n'observerait pas ces règles serait responsable en cas d'accident.

Indépendamment du transport des passagers et des marchandises, les navires qui sillonnent aujourd'hui les mers dans tous les sens remplissent une autre mission d'une non moins grande importance : le transport des lettres. Depuis une quarantaine d'années, la télégraphie sous-marine est venue compléter admirablement le service des postes. C'est instantanément, pour ainsi dire, que la pensée humaine traverse les océans. Ces câbles sous-marins constituent actuellement comme un réseau de nerfs sur lesquels le génie de l'homme rivalise de rapidité avec la lumière et avec la foudre.

CHAPITRE VII

LES CÂBLES SOUS-MARINS

Première idée de la télégraphie sous-marine. — Immersion du premier câble sous-marin : de Douvres à Calais. — Entre l'Europe et l'Amérique : 3000 kilomètres de câble. — Premières tentatives. — Un roman de la science. — L'*Agamemnon* et le *Niagara*.

Peu de temps après l'application de l'électricité à la transmission, sur terre, des dépêches à grande distance, M. Wheatstone, l'un des inventeurs de la télégraphie, conçut l'idée de relier entre elles, par une ligne sous-marine, deux villes séparées par la mer. Présenté dès 1840 à la Chambre des Communes, le projet de l'ingénieur anglais subit le sort de ces inventions qui sont de véritables révolutions pacifiques : il fut traité d'utopie et repoussé.

Cependant, l'idée était lancée, et les idées ne périssent pas : l'idée, c'est l'éternité de l'homme.

En 1849, le premier câble sous-marin fut immergé entre Douvres et Calais sous la direction d'un Français, M. Brett. Sa construction défectueuse fut cause qu'il se rompit bientôt ; mais on avait pu échanger quelques signaux, et personne ne parla plus d'utopie. L'entreprise fut reprise en 1851, et le câble nouveau fonctionna avec un plein succès : il n'avait pas moins de 40 kilomètres de long.

Les ingénieurs ne pouvaient s'en tenir là. Avec cette audace

10

et cette largeur de vues qui fait de la science à son plus haut degré une des faces de la poésie, c'est-à-dire de l'idéal humain, on s'attacha au projet grandiose de relier télégraphiquement l'Europe avec l'Amérique, le vieux monde avec le nouveau, par un câble de 3 000 kilomètres de longueur !

Posé une première fois en 1857, le conducteur électrique fonctionna quelque temps, puis se brisa. En 1858, au lieu de prendre un seul navire emportant le câble tout entier, on en prit deux, l'*Agamemnon* et le *Niagara*, qui se rencontrèrent au milieu de l'Océan, chacun d'eux portant la moitié du câble. On souda les deux tronçons, et le dévidement commença.

L'opération n'alla pas sans péripéties et sans incidents dramatiques. Le compte rendu du *Times* présente tout l'intérêt d'un roman de la science. Nous traduisons librement le texte du journal anglais.

« La rencontre des deux vaisseaux avait eu lieu le 28 juillet 1858, vers 10 heures du matin.

« Vers midi, les deux tronçons du câble étaient soudés. Une masse de plomb avait été fixée à la soudure pour lester l'appareil ; mais cette masse tomba à la mer au moment où on allait procéder au mouillage ! On la remplaça par un boulet de 32, et le câble fut mis à l'eau sans plus de formes : on avait trop souvent fait cette opération pour avoir foi dans la réussite. Pour que la soudure atteignît une profondeur suffisante on laissa filer deux cent dix brasses de câble, puis le *Niagara* et l'*Agamemnon* partirent dans deux directions opposées. Les deux vaisseaux, dévidant le câble entre eux, s'éloignèrent très lentement pendant les trois premières heures ; puis l'*Agamemnon* accéléra sa course jusqu'à marcher à raison de 5 nœuds à l'heure. Le câble qui se déroulait alors avec une vitesse de six nœuds à l'heure accusait au dynamomètre une traction de quelques centaines de livres seulement.

« Vers 10 heures, une énorme baleine, fouettant la mer de sa queue, s'approcha rapidement du navire au milieu d'un rejaillissement d'écume. Sa vue nous donna à croire que la rupture du premier câble posé pouvait bien être due à la rencontre d'un de ces cétacés. La baleine filait droit sur le câble ; nous ne fûmes rassurés qu'en voyant le monstre passer à l'arrière du navire sans endommager le câble, bien qu'il le rasât en passant.

« Jusqu'à 8 heures, le dévidement se continua avec la plus grande régularité. On avait soin, d'ailleurs, pour éviter tout danger de rupture, de faire en sorte qu'au dynamomètre la tension ne dépassât pas 1 700 livres, tension inférieure au quart de celle que le câble devait pouvoir supporter. Mais, un peu après 8 heures, on s'aperçut d'une avarie dans la portion de la ligne enroulée sur le pont. L'ingénieur, M. Canning, n'avait pas à hésiter : dans vingt minutes l'endroit avarié allait sortir du navire et nous savions par expérience qu'on ne pouvait arrêter ni le câble, ni le navire, sans risquer de briser tout l'appareil. Les réparations allaient être terminées, quand le professeur Thomson annonça que le courant électrique s'était interrompu… On coupa aussitôt la partie du câble détériorée dans l'intention d'opérer une soudure. La section opérée, l'électromètre prouva que la rupture du courant avait dû se produire sur un point de la portion déjà immergée… Le temps pressait, le câble, se déroulant toujours, allait arriver au point tranché, et la soudure était une opération longue et difficile. On arrêta le navire et on retarda le plus possible le dévidement.

« Tout le personnel du bord, rassemblé autour du câble, voyait avec anxiété s'approcher l'instant où la soudure inachevée allait échapper aux mains des ouvriers pour s'enfoncer dans la mer. Malgré l'activité que ceux-ci déployaient pour s'acquitter de leur tâche, en hommes qui comprenaient que le succès ou l'échec dépendrait de leur célérité, on dut recourir à la dernière ressource et arrêter le câble lui-même.

L'arrêt par bonheur ne dura qu'un instant, car la tension augmentait de façon à rendre une rupture imminente.

« La soudure achevée, et lorsqu'on eut à nouveau laissé filer le câble, on se remit peu à peu de l'émotion ressentie. Le courant électrique ne passait pas encore ; cependant, on se détermina à dérouler le câble le plus lentement possible et à attendre six heures avant de regarder l'échec comme décisif. On espérait que l'interruption du courant allait cesser d'elle-même ; mais, les aiguilles de l'électromètre continuant à demeurer immobiles, on crut à la rupture du câble. Quelques minutes plus tard cependant, on eut l'agréable surprise de voir le courant se manifester de nouveau. Les signaux du *Niagara* parvinrent dès lors régulièrement. Malgré la joie éprouvée, la confiance dans le succès final était ébranlée, parce qu'on sentait l'entreprise à la merci d'un nouvel accident semblable au premier.

« Le 30, tout alla bien ; le bâtiment marchait à raison de cinq nœuds et le câble à raison de six... A midi nous étions parvenus à quatre-vingt-dix milles marins du point de départ et cent-trente-cinq milles de câbles étaient immergés. Vers la nuit, un vent assez violent s'éleva, et tout ce qui, vergue ou voile, pouvait lui donner prise, fut abattu sur le pont. Les vagues et le vent contraire retardaient beaucoup la marche du navire, et l'on brûlait une telle quantité de charbon que l'on appréhendait d'avoir à alimenter les chaudières avec les bois des mâts pour parvenir jusqu'à Valentia...

« La brise fraîchit encore le samedi dans l'après-midi, et, la nuit, la mer était assez grosse pour faire craindre que le câble ne cédât. Le treuil sur lequel se déroulait le conducteur électrique était l'objet de la plus grande surveillance... Les ingénieurs, MM. Hoar et Moor, se relayaient alternativement toutes les quatre heures. Le câble tenait bon, en dépit des vagues énormes qui soulevaient le navire, et plongeait dans l'Océan en laissant derrière lui un sillage phosphorescent.

« Dimanche, mauvais temps, épais nuages et gros vent. A midi nous atteignions 52° de longitude Ouest, nous étions à 350 milles de notre point de départ.

« Lundi, la mer était aussi mauvaise. Grâce à la surveillance de l'ingénieur, la machine, arrêtée parfois lorsque le vaisseau était soulevé par les vagues, put reprendre son mouvement sans accident.

« Impossible d'arrêter le câble. Les dynamomètres, le plus souvent au-dessous de 1000 livres, en accusaient par moments 1700, et parfois marquaient aussi zéro. Lorsqu'il en était ainsi, le câble enfonçait avec toute l'accélération qu'il devait à son propre poids. La vitesse d'immersion n'a jamais dépassé huit nœuds à l'heure...

« Dans l'après-midi, un trois-mâts américain se montra à l'Est. On n'y prit pas garde, jusqu'à ce que, changeant de route, il mît le cap sur nous. Le danger d'abordage était imminent, et la rencontre eût été funeste au câble. On ne pouvait non plus sans danger changer la route de l'*Agamemnon*. Le *Valorous* (l'un des vaisseaux qui accompagnaient l'*Agamemnon*) prit les devants et tira un coup de canon. Un second coup fut tiré par l'*Agamemnon*; puis deux autres encore par le *Valorous*, sans réussir à déterminer le trois-mâts à se déranger de sa route. Il fallut que l'*Agamemnon* s'écartât pour laisser passer le bâtiment américain dont l'équipage, évidemment surpris de nos démonstrations, était accouru sur le pont. A la fin, ils parurent comprendre notre but, et, montant sur les vergues, nous saluèrent de trois hurrahs en agitant leur drapeau.

« L'*Agamemnon* dut rendre ces saluts quoique de fort mauvaise humeur : l'ignorance ou l'incurie de l'Américain aurait pu faire manquer l'entreprise.

« Le mardi matin, vers trois heures, un coup de canon précipita sur le pont tout l'équipage croyant à un signal de rupture du câble : c'était le *Valorous* qui tirait sur une barque américaine, naviguant juste dans nos eaux. La barque s'arrêta devant cette manifestation du vaisseau qu'elle ne semblait pas s'expliquer. Sans doute ces matelots nous prirent-ils pour des écumeurs de mer, à moins qu'ils ne se soient crus en présence d'une nouvelle insulte de la Grande-Bretagne au drapeau des États-Unis. Quoi qu'il en soit, la barque n'avança pas jusqu'à ce que nous l'eussions perdue à l'horizon. Mardi, le temps fut plus beau quoique la mer restât assez forte. Le succès pouvait être prévu désormais ; nous naviguions par 16° de longitude Ouest, dans le voisinage de la côte d'Irlande... L'eau devenant de plus en plus basse, la tension du câble allait toujours en décroissant.

« Le mercredi, par un temps radieux, nous étions, à midi, à 89 milles de la station de Valentia. Nous vîmes, à minuit, les lumières de la côte, et jeudi matin, à quelques milles à peine de nous, les vallées élevées qui impriment à cette contrée un aspect aussi sauvage que pittoresque. Jamais peut-être la vue du port n'excita chez les navigateurs une joie aussi grande, car c'était, pour nous, la réussite d'un des projets les plus grandioses, mais aussi les plus hérissés de difficultés qui eussent été conçus. Notre arrivée ne paraissant pas avoir été remarquée, le *Valorous* se porta en avant et tira un coup de canon. Aussitôt, de toutes parts, une foule d'embarcations accoururent au-devant de nous. Bientôt un signal du *Niagara* vint faire connaître que lui aussi avait touché au port. Les 1030 milles de câble immergés par le *Niagara* ajoutés aux 1020 milles déroulés par l'*Agamemnon* donnent, pour la longueur totale du câble, 2050 milles géographiques. MM. Bright et Canning, grâce auxquels l'entreprise avait réussi, placèrent l'extrémité du câble dans la tranchée aménagée à cet effet. Des salves répétées d'artillerie annoncèrent la mise en communication de l'Ancien et du Nouveau Monde. »

Ce câble, mouillé au prix de tant de peines, fonctionna quelques jours seulement. Quatre cents dépêches environ furent échangées, puis l'appareil s'arrêta.

CHAPITRE VIII

LES CÂBLES SOUS-MARINS (SUITE)

Nouvelles tentatives. — Le *Great-Eastern*. — Succès complet de l'entreprise. — Principales lignes de télégraphie sous-marine. — Fabrication d'un câble sous-marin. — Appareils de transmission télégraphique.

Le projet fut repris à nouveau. En juillet 1865, un vaisseau immense, le *Great-Eastern*, partit, chargé d'un troisième câble. Une portion était déjà immergée, quand une tempête se déclara. Le *Great-Eastern*, ballotté par les vagues furieuses, exerça une telle traction sur le câble que celui-ci se rompit et coula. Tout était à recommencer.

On recommença dès l'année suivante, en 1866.

Cette fois, le *Great-Eastern* remporta un succès complet. Le succès fut même double, car la fortune accorda à tant de persévérance une compensation bien méritée. Non seulement le navire posa son nouveau câble, mais il parvint à raccrocher dans la mer, par 4.500 mètres de profondeur, le câble englouti l'année précédente. On opéra une soudure entre les fragments de ce câble, et deux lignes télégraphiques unirent l'Europe à l'Amérique.

Depuis cette époque, un grand nombre de câbles ont été posés. Les lignes télégraphiques rayonnent de l'Europe, centre intellectuel du globe, à toutes les contrées du monde. Les principales sont celles de l'Irlande à Terre-Neuve (3.193 kilomètres), de Saint-Vincent à Pernambuco (3.122 kilomètres) et de Brest à Saint-Pierre (4.135 kilomètres), etc.

Comment est fait un câble sous-marin ?

Tout le monde a vu ces fils télégraphiques qui suivent, suspendus sur des poteaux au moyen d'isolateurs en porcelaine, les voies de chemins de fer et certaines grandes routes. Le mode de construction de ces lignes, que l'on appelle lignes aériennes, diffère notablement de celui des lignes sous-marines.

Un câble sous-marin, à cause de son énorme longueur, doit présenter à la fois une grande solidité et une grande conductibilité. Pour cela, on tord ensemble plusieurs fils métalliques, ayant en général un millimètre de diamètre chacun, de manière à former une sorte de corde, dite l'*âme* du câble. Les lignes sous-marines ont le plus souvent sept fils (au lieu d'un seul), et ces fils sont en cuivre rouge, au lieu d'être en fer galvanisé. De plus, l'eau est conductrice de l'électricité, tandis que l'air ne l'est pas. Les lignes aériennes peuvent donc rester *nues*, tandis que les fils sous-marins doivent être recouverts d'un corps qui empêche l'électricité de se perdre dans la mer. Ce corps, c'est la gutta-percha ; elle constitue l'enveloppe isolante du câble. La gutta-percha est un suc particulier qu'on recueille, comme la résine et le caoutchouc, en faisant des incisions dans le tronc de certains arbres que les botanistes classent dans le genre *Inosandra*. On met quatre couches de gutta-percha, l'une par-dessus l'autre, autour du câble, et, pour plus de solidité, on revêt cette enveloppe isolante d'une

couche de filin goudronné qu'on cuirasse elle-même, pour ainsi dire, au moyen de dix fils d'acier de deux millimètres de diamètre enroulés en hélice. Une dernière enveloppe de chanvre goudronné empêche que l'*armature* du câble ainsi formée ne subisse l'action corrosive de l'eau de mer.

Le câble a besoin d'être aussi solide pour résister aux frottements sur les rochers sous-marins, aux attaques possibles de certains poissons comme l'espadon ou le poisson-scie, aux tractions des ancres qui viendraient à l'accrocher, à l'action des vagues soulevées par les tempêtes, à toutes les causes enfin qui pourraient l'altérer. Aussi, un câble sous-marin est-il fort lourd et coûte-t-il fort cher. Par économie, et

comme le fil télégraphique, à une certaine distance en pleine mer, n'a plus autant à craindre les tempêtes ni les ancres de navires, on le fait moins épais — moins solide par suite — dans sa partie moyenne qu'aux extrémités. Malgré cela, le kilomètre revient à près de 5.000 francs et pèse plus de 600 kilogrammes.

L'appareil employé pour transmettre les dépêches est le manipulateur ordinaire inventé par l'Américain Morse. Le

11

récepteur, c'est-à-dire l'appareil qui reçoit la dépêche à l'arrivée, est un galvanomètre à miroir construit par sir W. Thomson de manière à pouvoir être actionné par des courants électriques excessivement faibles. Il diffère complètement des récepteurs employés dans les lignes télégraphiques aériennes. Les points et les traits qui tiennent lieu des lettres de l'alphabet dans le système Morse sont remplacés par les déviations à droite ou à gauche d'un rayon de lumière reçu sur le miroir. Récemment, sir W. Thomson a substitué à son récepteur un nouvel appareil nommé par lui le *Siphon-recorder*, qui conserve et *écrit* — en caractères spéciaux, bien entendu, — la dépêche envoyée.

On voit que l'Amérique a sa belle part dans la plus grande et la plus féconde invention du xixe siècle. C'est le cas de dire que le Nouveau-Monde, né d'hier à la civilisation et à la science, a rattrapé ses aînés — avec toute la vitesse de l'électricité.

CHAPITRE IX

LES GUERRES MARITIMES

Historique. — Les corsaires. — Abolition de la course (traité de Paris). — Cuirassés.
— Torpilleurs. — Comment on se défend contre les torpilles. — Les filets *Bul-*
livan. — Torpilles de défense. — Torpilleurs sous-marins. —Autres types.

Ç'a été — c'est encore — l'incurable aveuglement des
peuples, — qui devraient s'unir pour la conquête pacifique
des trésors inexplorés du globe, — de s'arracher par la force
des parcelles, relativement dérisoires, de leur domaine commun.

De bonne heure on se disputa l'empire de la mer. Carthage,
au temps de sa grandeur, prétendit, par la bouche d'Hannon,
un de ses généraux, interdire aux Romains « de se laver les
mains dans les mers de Sicile ». La Grèce exigea du roi de
Perse, comme le rappelle Montesquieu, d'après Plutarque,
« qu'il se tiendrait toujours éloigné des côtes de la mer, de la
carrière d'un cheval ». Plus tard, la Méditerranée fut pour
Rome toute-puissante un véritable lac intérieur. Plus tard
encore, Venise, pour mieux marquer sa souveraineté sur les
flots de l'Adriatique, maria son doge à cette mer, par un symbole singulièrement expressif. Puis, Portugais et Espagnols
revendiquèrent l'océan : le pape Alexandre VI, nous l'avons
dit, s'interposa. L'Angleterre, reine des mers à son tour, rencontra devant elle les hardis navires des côtes bretonnes :

Louis XIV, le roi Soleil, reçut à sa cour, à Versailles, le corsaire Jean Bart, au grand émoi des courtisans que le capitaine malmena de singulière façon, certain jour où ils lui demandaient comment il avait pu s'échapper d'un port bloqué : Jean Bart les fit ranger en cercle devant la porte et sortit néanmoins en se frayant un passage à coups de poings et à coups de pieds.

A mesure que se constituaient les Etats du monde civilisé moderne, les prétentions exorbitantes cessaient de se manifester, non pas tant à cause de leur absurdité, mais simplement parce qu'elles étaient insoutenables en pratique. Les Etats, actuellement, ne prétendent à la souveraineté que sur la mer qui baigne immédiatement leurs côtes, et qui forme ce qu'on appelle la mer territoriale. L'étendue de cette mer se définit, en général, par la portée d'un boulet que lancerait vers le large un canon placé sur le rivage.

Jusqu'à la moitié de ce siècle, les Etats européens ont fréquemment autorisé de simples particuliers à s'armer en guerre pour *faire la course* contre la marine ennemie. Pour éviter que les capitaines des navires de commerce ainsi transformés en navires de guerre ne fussent confondus avec les pirates — et pendus comme tels, — l'Etat belligérant leur délivrait ce que l'on appelait des *lettres de marque.* Les corsaires avaient droit à une part du butin fait sur les navires de commerce, et même sur les vaisseaux de guerre ennemis capturés par eux. Comme la question pouvait se compliquer, comme, par exemple, les navires capturés pouvaient prétendre être des vaisseaux neutres, c'est-à-dire des vaisseaux appartenant à une nation restée neutre dans la guerre engagée, des tribunaux spéciaux, les *Conseils des Prises,* décidaient, dans chaque cas particulier, si la capture était valable au point de vue du Droit des gens maritime, c'est-à-dire des coutumes de la mer. Les corsaires, en ruinant le commerce ennemi, portaient une atteinte directe à la puissance maritime de la nation attaquée, et contribuaient ainsi à réduire cette nation à demander la paix. Les plus hardis corsaires ont été des marins français.

Aujourd'hui, la course est abolie en principe. Dans le traité de Paris (16 avril 1856), les hautes puissances contractantes ont déclaré renoncer les unes à l'égard des autres au droit de délivrer des lettres de marque. Cette résolution a été adoptée sur l'initiative de la France. Le gouvernement de Napoléon III aurait pu s'abstenir d'une proposition peu heureuse. Des hommes comme Jean Bart, Du Casse, Duguay-Trouin, Surcouf, valaient à eux seuls toute une flotte, et il ne paraît pas, d'autre part, que les marins de nos côtes aient dégénéré jusqu'ici.

Quoi qu'il en soit, l'Espagne, les Etats-Unis d'Amérique et le Mexique ayant refusé d'adhérer à la déclaration du 16 avril 1856, la France pourrait encore autoriser des particuliers à s'armer en course contre ces trois États.

Les plus formidables engins dont dispose la marine de guerre actuelle sont les cuirassés, — les « *hommes de guerre,* — comme les appellent, d'une belle expression, les Anglais, — et les torpilleurs.

C'est dans la guerre de Sécession américaine (1860-1865) que les premiers navires blindés ont fait leur apparition. On les appela des monitors, leur cuirasse rappelant les écailles dont est couvert le saurien de ce nom, intermédiaire entre le crocodile et le lézard.

En présence de ces masses métalliques prétendues invulnérables, le canon, naturellement, ne s'avoua pas vaincu. La lutte prit bientôt des proportions épiques.

L'Angleterre construisit les premiers canons gigantesques dans l'arsenal royal de Woolwich, près de Londres. Le premier « Infant » d'Angleterre — Infant fut le nom humoristique décerné aux nouvelles pièces d'artillerie — pesait 36 tonnes seulement. Le second, destiné au vaisseau l'*Inflexible*, atteignit un poids de 81 tonnes (la tonne anglaise vaut 1.051 kilogrammes 930 grammes.)

L'Italie fit mieux en 1870. Son cuirassé, le *Duilio*, reçut le roi-canon (*King-Gun*) pesant 101 tonnes et demi. Ce monstre a plus de 10 mètres de long. Depuis, ces proportions n'ont fait que s'accroître encore.

Contre de pareils ennemis, les cuirassés ne peuvent songer à augmenter indéfiniment l'épaisseur de leur enveloppe protectrice. La vitesse du vaisseau s'en trouve par trop diminuée, et le poids de la carapace peut arriver à constituer un danger, le navire devant être, avant tout, un flotteur capable de se soutenir sur l'eau. On ne cuirasse plus guère actuellement que les parties vitales du bâtiment, telles que la flottaison, la soute aux munitions et l'appareil moteur.

Les torpilleurs sont de petits bateaux spécialement construits en vue d'atteindre une très grande vitesse, et dont le rôle, en cas de guerre maritime, consiste à faire sauter les navires ennemis en les attaquant au moyen de torpilles. La torpille est un appareil explosif. Elle a remplacé avec un avantage manifeste les brûlots à l'aide desquels le « bon Canaris », chanté par notre grand poète Victor Hugo, incendiait les vaisseaux turcs lors de la guerre que la Grèce soutint pour son indépendance en 1822.

Tantôt le bateau-torpilleur, portant, à l'extrémité de longues perches, nommées espars, les torpilles chargées de dynamite, de fulmicoton ou de toute autre matière explosive, va lui-même poser sur les flancs du vaisseau ennemi l'appareil destructeur ; tantôt la torpille est automobile. Le bateau offensif n'a pas besoin, dans ce dernier cas, d'arriver jusqu'à son adversaire. Il lui suffit de s'en approcher assez pour pouvoir lancer la torpille dans la direction voulue.

Les torpilleurs français peuvent avoir depuis 13 mètres jusqu'à 42 mètres de longueur. Les machines qui les meuvent, véritables chefs-d'œuvre de mécanique, ont une puissance qui varie de 100 jusqu'à 600 chevaux-vapeur.

Les vaisseaux attaqués n'ont qu'un moyen de défense contre la torpille : c'est de l'arrêter avant qu'elle n'ait touché son but. Pour cela, on déploie, tout autour du navire et à quelque distance du bordage, des filets à mailles d'acier, les filets *Bullivan*, dans lesquels les torpilles ennemies viennent s'arrêter — quelquefois.

Un réseau de torpilles, dormantes au fond de la mer ou flottantes entre deux eaux, constituent évidemment la meilleure sauvegarde d'un port contre les vaisseaux qui tenteraient d'en forcer l'entrée. Ces torpilles de défense sont dites torpilles de *choc* ou torpilles d'*observation*, selon qu'elles sont disposées de façon à détoner d'elles-mêmes lorsque la carène d'un navire vient à les heurter, ou que, du rivage, un observateur en détermine, à son gré, l'explosion au moyen d'une batterie électrique.

On essaye actuellement, non sans succès, de construire des torpilleurs sous-marins.

A côté des cuirassés et des torpilleurs, les marines militaires des divers pays comprennent une foule de navires, frégates, avisos, corvettes, canonnières, goélettes, transports, construits en vitesse ou en force pour pouvoir atteindre et capturer les navires de commerce ennemis, croiser devant les côtes, jouer le rôle d'éclaireurs, ravitailler l'escadre, etc.

CHAPITRE X

LES GUERRES MARITIMES (suite)

Armement des vaisseaux de guerre. — Principaux navires de guerre des marines européennes. — Recrutement de la marine française. — Les officiers. — Les matelots. — Inscription maritime. Colbert. — La *presse*. — Comparaison des guerres maritimes et des guerres continentales. — Droit d'*embargo*. — Droit d'*angarie*. — Blocus. — Autres droits barbares.

Tous les navires de guerre sont plus ou moins puissamment armés. Les constructeurs anglais ont fondu des canons dont l'obus, du poids de 1000 kilos, peut traverser une plaque de fer épaisse d'un mètre. La marine russe possède une pièce à feu pesant la bagatelle de 235 tonnes, sans compter le poids de son affût. Des canons à tir rapide, des mitrailleuses de divers systèmes — celle de M. Maxim peut tirer jusqu'à 1.200 coups par minute, — toutes ces pièces d'artillerie, distribuées non seulement sur le pont, mais jusque dans les hunes blindées des matereaux, d'ailleurs fort disgracieux comme aspect, que portent les cuirassés eux-mêmes, font d'un navire de guerre le plus monstrueux des arsenaux flottants.

Les principaux vaisseaux de guerre sont, pour la France, les cuirassés *la Dévastation* et *le Formidable*, les croiseurs *le Milan* et *le Surcouf*, etc.; pour l'Angleterre, l'*Inflexible* (cuirassé) et l'*Impérieuse* (croiseur); pour l'Italie, le *Duilio,* l'*Italia* et le *Lépanto* (cuirassés). La Russie, indépendamment de ses cuirassés construits sur le modèle ordinaire, nous offre dans

12

la mer Noire ses curieux vaisseaux de forme entièrement circulaire, les cyclades, ou *Popoffkas*, du nom de l'amiral Popoff,
leur inventeur. En raison de leur forme, les cyclades russes
sont munies de plusieurs hélices. L'*Amiral Popoff*, un de ces
vaisseaux, en a 6, actionnées par 6 machines du système
Compound. La docilité du mécanisme est telle qu'on pourrait,
paraît-il, pointer les canons du bord sur un point quelconque
de l'horizon en faisant tourner le navire entier sur lui-même
(au lieu de faire tourner la pièce sur son affût). Les popoffkas
sont du reste affectées exclusivement à la défense des côtes de
la mer Noire. La mer, sur ces côtes, ne peut recevoir que des
navires d'un tirant d'eau relativement assez faible, conditions
remplies par les popoffkas, et la destination spéciale de ces
navires rend moins sensibles les inconvénients résultant de leur
forme au point de vue, notamment, de leur rapidité, qui est
bien moindre.

Beaucoup des navires de guerre que nous venons d'étudier
sommairement sortent d'ateliers de construction appartenant
à l'industrie privée qui fonctionne — on ne connaît guère
d'exception à cette règle — plus vite, mieux et à moins grands
frais que les arsenaux de l'Etat.

Les officiers de la flotte française proviennent pour le plus
grand nombre de l'Ecole navale établie à Brest, sur un vaisseau
appelé *le Borda*. Les élèves peuvent y être reçus de quatorze
à dix-huit ans, après concours. Après deux ans d'études et une
année de campagne, ceux qui ont satisfait aux examens sont
promus aspirants de première classe. Ils sont, dès lors, des
officiers.

Dans la marine comme dans l'armée de terre, les officiers
peuvent également « sortir du rang ». Les *premiers maîtres*
peuvent, à la suite d'un examen spécial, être promus
enseignes.

Ajoutons que, chaque année, quatre aspirants de première

ESCADRE EN RADE

classe sont choisis parmi les élèves sortants de l'Ecole Poly-
technique.

Les capitaines au long cours de la marine marchande peuvent
enfin être pris comme enseignes à titre auxiliaire.

Dans l'armée navale, les grades, après celui d'enseigne, se
succèdent dans l'ordre suivant : lieutenant de vaisseau, capitaine de frégate, capitaine de vaisseau, contre-amiral et vice-
amiral. On ne nomme plus d'amiraux.

Les mécaniciens et les officiers du génie maritime (ingénieurs de la marine) constituent des corps auxiliaires de la
flotte.

Quant aux matelots des navires de l'Etat, ils sont recrutés
parmi les marins de nos côtes et d'après les règles de l'*Ins-*

cription maritime. C'est à Colbert, le plus grand des ministres
de Louis XIV, que remontent, quant à leur principe, les
dispositions encore actuellement en vigueur. Avant Colbert,
on avait recours à ce qu'on appelait la *presse* des matelots.

L'Etat, lorsqu'il avait besoin de marins pour la guerre, interdisait aux navires de commerce de sortir du port et enlevait, au hasard, une partie de l'équipage. On est plus soucieux, aujourd'hui, de la liberté humaine.

On rencontre dans les guerres maritimes, un certain nombre de pratiques généralement admises par les nations et qui n'ont pas d'analogues dans les guerres continentales.

Ainsi, un Etat, au moment d'une déclaration de guerre, met souvent l'*embargo* sur les navires de commerce ennemis qui se trouvent dans ses ports. En d'autres termes, l'Etat belligérant séquestre et parfois confisque à son profit des bateaux venus dans ses eaux territoriales sur la foi des traités dénoncés.

Ainsi encore, un Etat engagé dans une guerre maritime peut réquisitionner même les navires neutres à l'ancre sur ses côtes, et faire de ces navires tel usage qu'il juge bon dans l'intérêt de sa défense, par exemple les couler à l'entrée d'un port pour rendre impossible l'accès de la rade. Ce droit, appelé droit d'*angarie*, ne s'exerce, il est vrai, que sous réserve de l'indemnité à allouer ultérieurement aux sujets lésés de l'Etat resté neutre.

Dans le même ordre d'idées, le blocus des ports ennemis a pour but principal, non pas d'atteindre la marine de guerre, mais bien de ruiner le commerce qui s'opérait par les points investis. Les navires, même neutres, qui tenteraient de franchir la ligne d'investissement s'exposent à être capturés.

Le droit, pour le vaisseau capteur, de couler à fond le navire ennemi qu'il ne peut ou ne veut amariner, celui de faire prisonnier l'équipage ou de le relâcher moyennant rançon, le droit d'exiger des otages, le droit, pour un vaisseau de guerre qui s'approche d'une côte ennemie, de bombarder même les

villes ouvertes et dont les habitants n'ont fait aucune manifestation offensive, tous ces usages barbares restés en vigueur
dans les guerres maritimes, toutes ces pratiques sauvages et,
pour la plupart, stériles, ont disparu des lois de la guerre
continentale, autant du moins que l'exaltation féroce des
vainqueurs et la fureur tragique des vaincus sont capables de
se plier à l'observation effective des principes du *Droit des
gens*.

CHAPITRE XI

LA CONQUÊTE DES PÔLES. — I. LE PÔLE SUD

L'exploration des pôles arctique et antarctique est la grande
conquête maritime magnifiquement poursuivie par le xixe siècle.

Grande conquête au point de vue de la science : mais pour
qui ne chercherait que l'utilité immédiate, tristes Eldorados
que les contrées polaires !

A mesure que le navigateur s'avance vers les hautes latitudes, le soleil semble se refroidir, vaciller comme une lampe
qui s'éteint. Bientôt, dernier effort de l'astre, les jours
s'allongent démesurément, suivis eux-mêmes de nuits de plus
en plus prolongées. Un mois, deux mois, quatre mois, suivant
la latitude, le soleil, comme s'il avait conscience de sa vigueur

perdue, s'attarde au-dessus d'un horizon brumeux qu'il ne peut réchauffer. Puis, la nuit survient, pour une durée non moins longue que celle du jour qui l'a précédée. Et, sous cette nuit glaciale, la mer elle-même, la mer, symbole éternel du mouvement et de la vie, la mer, pétrifiée, se fige, par blocs de plusieurs centaines de lieues d'étendue, autour des vaisseaux prisonniers.

La lugubre grandeur du spectacle méritait de frapper l'imagination d'un poète :

> *Un monde mort, immense écume de la mer,*
> *Gouffre d'ombre stérile et de lueurs spectrales,*
> *Jet de pics convulsifs, étirés en spirales,*
> *Qui vont éperdument dans le brouillard amer.*
>
> *Un ciel rugueux, roulant par blocs, un âpre enfer*
> *Où passent à plein vol les clameurs sépulcrales,*
> *Les rires, les sanglots, les cris aigus, les râles*
> *Qu'un vent sinistre arrache à son clairon de fer.*
>
> *Sur les hauts caps branlants, rongés des flots voraces,*
> *Se roidissent les dieux brumeux des vieilles races,*
> *Congelés dans leur rêve et leur lividité ;*
>
> *Et les grands ours blanchis par les neiges antiques,*
> *Çà et là, balançant leurs cous épileptiques,*
> *Ivres et monstrueux...*

... tel est le tableau que trace à grands traits M. Leconte de Lisle d'un paysage polaire.

Les régions antarctiques sont moins connues que les contrées boréales.

Après MM. de Bougainville et de Kerguélen, au xviiie siècle, après l'Anglais Cook, l'illustre explorateur des deux pôles, l'honneur des premières expéditions dirigées au xixe siècle vers les pôles revient à la Russie.

13

Sans parler des capitaines Krutzenstern et Golovnine, dont les vaisseaux ne firent guère que doubler le cap Horn, Bellinghausen, parti le 18 juillet 1819, franchit le cercle polaire et découvrit, vers le 70° de latitude, deux terres qu'il nomma terres de Pierre Ier et d'Alexandre Ier.

Le capitaine Weddel, d'après les instructions de ses armateurs, les Enderby, simples particuliers anglais, se lança à son tour dans les mers du Sud, à la recherche d'un prétendu continent austral signalé en 1818 par William Smith. Weddel reconnut successivement plusieurs terres qu'il appela Nouvelles-Shetland, Nouvelles-Orcades — et île Weddel. Quant au continent signalé, il crut l'apercevoir par le 65°, latitude supérieure de plusieurs degrés à celle indiquée par Smith. Un simple brick de 160 tonnes et un cutter de 65 lui servant de conserve avaient suffi au hardi navigateur pour mener à bien cette expédition périlleuse.

Biscoë, parti d'Angleterre le 14 juillet 1830, descendit vers le pôle sud jusqu'au 69° parallèle où il découvrit la terre qu'il nomma terre d'Enderby, du nom de ses armateurs. La terre d'Adélaïde et celle de Graham furent reconnues dans cette même campagne.

Cependant, le retentissement des découvertes réalisées, les nobles sollicitations des marins frappés d'une émulation généreuse devaient finir par triompher de l'inertie du monde officiel.

Presque simultanément, la France, l'Amérique et l'Angleterre décidaient l'envoi d'expéditions dans les hautes latitudes australes. Dumont d'Urville, Wilkes et John Ross furent les capitaines désignés.

Dumont d'Urville, né dans le Calvados, le 23 mai 1790, joignait à ses qualités de marin une vaste érudition générale et

un rare sentiment artistique. C'est à Dumont d'Urville que la
France doit de posséder la célèbre statue connue sous le nom
de Vénus de Milo. La découverte de ce chef-d'œuvre unique
par le jeune officier, en 1819, fut la première circonstance qui
appela l'attention
sur son nom.

C'est le 1ᵉʳ sep-
tembre 1837 que
les deux navires de

Dumont d'Urville, *l'As-*
trolabe et *la Zélée*, partirent de Toulon pour
l'expédition qui devait
immortaliser le grand
navigateur. Le 11 dé-
cembre, ils arrivaient en
vue du détroit de Magellan, et le 15 janvier suivant rencontraient les premiers glaçons flottants.

« Jusqu'aux bornes de l'horizon, écrit Dumont d'Urville
dans la relation qu'il a laissée de son voyage, à l'Est comme à
l'Ouest s'étendait une plaine immense de blocs de glace de
toutes les formes, entassés et confusément enchevêtrés les
uns dans les autres, à peu près comme on les observe sur la
surface d'un grand fleuve, quand arrive le moment de la
débâcle. Leur hauteur moyenne ne dépassait guère quatre ou
cinq mètres ; mais, sur cette plaine glacée surgissaient des
blocs bien plus considérables, dont quelques-uns atteignaient
trente et quarante mètres d'élévation, et de dimensions pro-
portionnées. Ceux-là semblaient être les grands édifices d'une
ville de marbre blanc ou d'albâtre.

« Les bords de la banquise sont ordinairement bien dessinés et taillés à pic comme une muraille, mais quelquefois ils sont brisés, morcelés, et forment de petits canaux peu profonds, ou de petites criques où des embarcations pourraient naviguer, mais qui recevraient à peine nos corvettes. Alors les glaces voisines, agitées et travaillées par les lames, sont dans un mouvement perpétuel qui ne peut manquer d'amener à la longue leur destruction.

« La teinte habituelle des glaces est grisâtre, par l'effet d'une brume presque permanente. Mais s'il arrive qu'elle vienne à disparaître et que les rayons du soleil puissent éclairer la scène, alors il en résulte des effets d'optique vraiment merveilleux.

« On dirait une grande cité se montrant au milieu des frimas avec ses maisons, ses palais, ses fortifications et ses clochers, quelquefois même on croirait avoir sous les yeux un joli village, avec ses châteaux, ses arbres et ses riants bocages saupoudrés de neige.

« Le silence le plus profond règne au milieu de ces plaines glacées, et la vie n'y est plus représentée que par quelques pétrels, voltigeant sans bruit, ou par des baleines dont le souffle sourd et lugubre vient seul rompre, par intervalles, cette désolante monotonie. Aux approches de la banquise, les glaces flottantes sont nombreuses, mais elles ne sont ni réunies, ni agglomérées, comme on pourrait s'y attendre dans ce voisinage des glaces compactes. »

Dès le 22 janvier, la rencontre d'un banc ininterrompu de glaces obligea l'explorateur à remonter au Nord. Un peu après les Nouvelles-Shetland, les navires purent reprendre leur direction première ; puis, de nouveau, la banquise apparut. Le hardi navigateur faillit y demeurer prisonnier pour s'être aventuré dann un canal resté libre au milieu des glaces, et qui se referma tout à coup derrière lui. Echappé à ce danger, Dumont d'Urville salua, le 27 février, une terre nouvelle,

située entre le 63° et le 64° de latitude, et à laquelle il donna
le nom de Louis-Philippe.

A ce moment, l'état d'épuisement de son équipage obligea
le capitaine à rallier la côte du Chili.

Dumont d'Urville n'avait pas abandonné la lutte. Le 1ᵉʳ janvier 1840, il repartit dans la direction du sud. Le 20 janvier,
les navires passaient le cercle polaire et les matelots, avec un
entrain méritoire, célébraient ce passage par une petite fête.
Le père Antarctique lui-même, assez bonhomme ce jour-là,
vint saluer le capitaine et lui promettre l'entrée de son
empire. « Il n'est pas besoin de dire, ajoute la relation du
voyage, que les ablutions d'eau froide n'eurent pas lieu comme
au baptême de la Ligne ; la température était loin d'y convier
les acteurs. Ils s'en dédommagèrent copieusement par des
ablutions intérieures d'un liquide plus réchauffant. »

Le 21, les navigateurs arrivaient en vue d'une nouvelle
terre. Dumont d'Urville lui décerna le nom de terre Adélie, en
souvenir de sa femme.

De là, l'expédition reprit la route du Nord et regagna la
France sans encombre. L'audacieux explorateur du pôle devait
périr dans un accident banal de chemin de fer, entre Bellevue
et Meudon !

La croisière du lieutenant Wilkes, de la marine américaine,
ne donna pas de résultats sérieux. Il n'en fut pas de même de
celle du capitaine anglais James Clark Ross, déjà familiarisé
avec les dangers des mers glaciales par ses voyages au Pôle
Nord sous la direction de son oncle, en 1818 et en 1831.

L'*Erèbe* et la *Terreur*, commandés par le jeune officier,
découvrirent successivement l'île Possession par 71°15′, et,
le 28 janvier 1841, une côte immense, terminée du côté de la
mer par des parois verticales d'un glacier continu de plus de
60 mètres de haut. Deux énormes montagnes dominaient cette

masse imposante. L'une d'elles reçut le nom du navire *l'Erèbe*. De son sommet, des jets puissants d'une fumée noirâtre, traversée par moments de lueurs rouges, s'échappaient, révélant un volcan en pleine activité éruptive en dépit de son manteau de glaces.

Après avoir côtoyé cette terre pendant plus de 150 kilomètres, Ross put enfin en approcher, mais sans rien y apercevoir de nouveau.

Telles sont les principales découvertes réalisées de nos jours dans les régions australes. Le pôle sud lui-même n'a pas été atteint.

Il en est de même du pôle nord.

CHAPITRE XII

LA CONQUÊTE DES PÔLES. — II. LE PÔLE NORD

Expéditions au pôle nord. — Historique. — De Willoughby à John Ross. — Parry.
— Franklin. — Mac-Clure. — Kane. — La « mer libre du pôle ». — Prayer. —
Nares. — Nordenskiold.

L'histoire, même sommaire, des expéditions au pôle nord
tient du martyrologe et de l'épopée. Trop souvent, de tout un
équipage, pas un homme n'est resté pour répondre à l'appel
des morts au champ d'honneur.

Willoughby ? Mort de froid et de faim, ainsi que ses soixante-
dix hommes (1553). Peut-être avaient-ils, les premiers, trouvé
la Nouvelle-Zemble. Chancelor ? Mort. Les deux Forbisher ?
Disparus (1578). Humphrey Gilbert ? Englouti par la mer.
Barentz ? Mort au retour, la moitié de l'équipage avec lui
(1596). Hudson ? Livré à l'océan, dans une frêle chaloupe,
sans voiles, sans vivres, aux acclamations sauvages de ses matelots révoltés (1611). James Hall ? Tué par un sauvage sur la
côte groënlandaise (1612). Knight, Barlow, Vaughan, Scroggs ?
On sait qu'ils sont partis, on ignore leur retour. Behring ?

Naufragé ; mort de faim ; trente de ses compagnons avec lui.
— Telle est la liste, assurément lugubre, qui précède la relation de John Ross, explorateur lui-même, en 1818 et en 1831,
de ces meurtrières contrées.

Mais qu'importe de succomber à la tâche ? Aux yeux du plus
obscur matelot engagé dans ces explorations terribles, comme
l'a dit dans un des plus beaux cris de la poésie française un
marin qui était un poète, Tristan Corbière :

> ... *Vieux fantôme éventé, la mort change de face :*
> *La mer !*

Par quatre fois, de 1819 à 1827, Parry, ancien lieutenant
de John Ross, s'avança vers le pôle. Il découvrit, vers le 74ᵉ
degré de latitude, la Géorgie du Nord, l'île Melville, le détroit
du Prince-Régent. Sa récompense, ce fut le nom d'île Parry
substitué par la haute admiration de son pays au nom d'île
Melville.

De 1820 à 1823, Franklin, dans deux voyages, explore les
côtes de l'Amérique. Reparti une troisième fois en 1845, l'explorateur ne revient pas. La seizième expédition envoyée à sa
recherche finit par acquérir la preuve de sa mort, trop certaine
par avance.

En 1853, le capitaine Mac-Clure découvrit enfin le passage
Nord-Ouest, du Pacifique à l'Atlantique, passage impraticable
du reste, et dont il ne sortit lui-même que grâce à un mira-
culeux hasard.

Vers la même époque, l'Américain Kane dépasse le 82° de
latitude. Il atteint une mer libre de glaces qui lui paraît
s'étendre vers le nord. De là, l'explorateur, à force d'énergie,
parvient à opérer son retour. Il meurt, épuisé par ce dernier
effort, léguant son nom, comme l'Icare mythologique, à la mer
qu'il vient de découvrir.

Prisonnier des glaces, de 1872 à 1874, le lieutenant autrichien Prayer, laissant son vaisseau le *Tegetthof*, encastré dans la banquise qui l'étreint, s'avance sur la glace, emmenant un traîneau chargé de provisions, et que les matelots doivent haler avec l'aide de quelques chiens. Sur le chemin, nul être vivant, à part de grands ours blancs, « que nous abattions, raconte modestement l'explorateur, avec l'adresse due à un exercice de tous les jours ». Par delà le 81°, les difficultés redoublent. La question de la « mer libre du pôle », soulevée par Kane, s'impose au lieutenant Prayer.

« Un changement singulier, écrit-il, s'opéra autour de nous. Sous un ciel lourd, d'un noir bleuâtre, des brumes d'un jaune trouble flottaient en s'épaississant. La température remontait, la neige fléchissait sous nos pieds. Déjà, nous avions eu la surprise de voir des vols d'oiseaux arriver de la direction du Nord ; maintenant les rochers de la terre du Prince-Rodolphe disparaissaient littéralement sous leurs bandes... Partout on relevait des pistes d'ours blanc, de lièvre ou de renard. Des troupeaux de phoques reposaient sur la glace. A coup sûr, nous approchions d'une nappe d'eau libre, sans croire pour cela à cette « mer ouverte » contre la prétendue existence de laquelle de trop nombreuses expériences antérieures nous avaient prémunis.

« La route devenait dangereuse. Nous dûmes nous attacher tous à une même corde et ne plus avancer qu'en essayant à chaque pas l'épaissseur de la couche de glace. Doublant l'Alken-Cap, rempli d'essaims d'oiseaux voletant et caquetant à plaisir, nous atteignîmes le Saülen-Cap, que battaient des eaux libres.

« Spectacle d'une beauté sublime ! Au lointain, la mer, d'un bleu sombre, berçant des montagnes de glace, perles énormes de l'écrin. Traversant les nuages, les rayons du soleil frappaient la surface des eaux miroitantes. Le soleil lui-même apparaissait comme surplombé d'un second soleil (la parhélie). Au fond

14

du tableau, la terre du Prince-Rodolphe élevait à une hauteur
démesurée ses glaciers d'un blanc teinté de rose à travers la
brume transparente. »

Le chemin direct suivi par le hardi explorateur étant désormais impraticable, il dut se résoudre à longer la côte Nord-
Est et s'arrêta par la latitude de 83°5′, au cap qu'il appela le
cap Fligely.

Prayer repousse énergiquement l'hypothèse d'une mer
libre.

« Du cap Fligely, la vue était de celles qui, à la rigueur, ont
pu paraître prêter à la controverse concernant les régions
polaires. Un vaste bassin d'eau libre venait longer toute la
côte. Sans doute, çà et là, une couche de glace fraîche recou-
vrait la boue et on pouvait distinguer, de l'Ouest au Nord-Est,
quelques glaçons flottants ; cependant étant donné l'époque
peu avancée de la saison, étant donné de plus que le vent souf-
flait de l'Ouest au moment de notre observation, on peut con-
jecturer que ce bassin se trouve navigable en été... Mais une
observation isolée ne saurait détruire de nombreuses expériences qui sont en contradiction avec elle. En regardant
même comme négligeable la résistance de la glace fraîche,
tout ce qu'on est en droit de constater, c'est qu'un vaisseau qui
se serait trouvé à la pointe Nord de la Terre de Zichy eût pu,
en ce moment, à en juger d'après l'étendue du bassin qu'em-
brassaient nos regards, s'avancer de 10 ou 20 milles vers le
Nord. Mais nul navire ne réussirait à franchir les 100 milles
du détroit de l'Austria-Sund, envahi par les glaces. Au delà,
dans tous les cas, il n'aurait rencontré qu'une banquise continue. »

L'archipel, d'une étendue aussi vaste que le Spitzberg,
reconnu au cours de cette campagne, porte le nom de terre de
François-Joseph.

Après celle de Prayer, l'expédition Nares, en 1875, dépassa

le 83° degré. Loin de découvrir la mer libre, elle ne rencontra que d'énormes banquises auxquelles, par allusion à leur antiquité vénérable, on décerna le nom de mer Paléocrystique (de deux mots grecs signifiant *ancienne* et *glace*). Cependant, si peu vraisemblable que soit l'hypothèse de Kane, aucun explorateur n'ayant atteint le pôle, on ne peut la repousser absolument.

La découverte du passage Nord-Est par Nordenskiold, le savant explorateur danois, est le dernier fait concernant la géographie physique des contrées boréales qui soit assez important pour ne pouvoir être omis.

CHAPITRE XIII

AUX PÔLES

Comparaison des deux pôles. — Glaciers. — Icebergs. — Banquises. — Le *nid de Corbeau.*

Les mers australes et celles du pôle nord présentent au marin, à côté d'aspects communs aux deux contrées, des spectacles entièrement dissemblables. D'importantes différences dans la flore et la faune ne peuvent manquer de frapper l'explorateur soucieux d'ajouter à ce catalogue raisonné des connaissances humaines qui constitue la science. Enfin les Esquimaux, derniers représentants de l'espèce humaine sous les hautes latitudes boréales, diffèrent totalement des Fuégiens, les sauvages habitants de la Terre de Feu.

L'un comme l'autre pôle est avant tout le domaine du froid. Le moine égyptien Cosmas, qui vivait vers le viie siècle de notre ère, annonce quelque part que le Jardin Céleste d'où furent chassés nos premiers parents se dérobe à nos yeux par delà le « fleuve Océan », derrière un rempart de glaces inaccessibles dont les parois sanglantes reflètent éternellement la lueur du glaive de l'Archange, gardien du seuil interdit. — Impossible de trouver lieu sur terre qui réponde mieux à cette indication savante que les pôles avec leurs glaciers séculaires qu'illuminent les auroles boréales et australes.

Un glacier, c'est à la fois une montagne et un fleuve. Une

montagne : ses parois à pic peuvent s'élever à plus de
500 pieds de haut ; un fleuve : cette montagne se meut ; elle
rampe sur le sol, profite des moindres déclivités du terrain,
se moule sur les anfractuosités qui la déchirent, comble les
vallées, le lit des torrents, les crevasses, les précipices et les
gouffres, déborde ou tourne les obstacles, les déracine et les
roule au besoin avec elle, grandit et s'élargit toujours en
avançant, plonge dans la mer, et, sans s'arrêter, pénètre enfin
sous les flots.

Le glacier de Sermitsialik remplit quatre lieues de baie.
Celui de Humboldt, situé, comme le précédent, dans les
hautes régions boréales, mesure, à pic, plus de 300 pieds par
endroits, et s'étend sur un front de 110 kilomètres environ.

Du côté de la mer, l'aspect de ces glaciers est souvent infiniment pittoresque et grandiose. Minés par les vagues (dont la
température, forcément plus élevée que celle du glacier, puisqu'elles ne demeurent pas enchaînées par le froid, ajoute son
effet destructeur à l'action mécanique du flot), rongés, cor-
rodés par les eaux provenant de la fonte des neiges, ils présentent, ici, des enfoncements profonds, là, de hauts reliefs
projetant une ombre bleue sur les flots glauques lorsque le
soleil vient iriser leur surface. Scoresby, l'audacieux baleinier
écossais dont notre Arago lui-même a résumé les récits de
voyage, a vu de ces fantastiques architectures en surplomb du
volume d'une cathédrale. Les navigateurs ont épuisé toutes
les comparaisons pour exprimer leur admiration toujours
nouvelle. Église gothique, porche de style roman, portiques
aux élancements capricieux, pareils aux découpures et aux
festons bizarres de l'Alhambra mauresque de Grenade, clochers, stalactites, voûte merveilleuse, palais de cristal hyalin
érigé tout à coup par le caprice prestigieux de quelque malin
gnôme, ministre extraordinaire des fantaisies de la Reine des
Neiges, monuments aux transformations soudaines, créés et
anéantis en un instant, au milieu des crépitements aigus, des

détonations furieuses des glaces : tel est le charme magique de ces merveilles que les navigateurs eux-mêmes oublient le danger pour applaudir à ces jeux des forces incommensurables de la nature, au milieu desquels les vagues, soulevées par la chute ou l'apparition des monstres, emportent les vaisseaux à leur cime comme autant de coquilles de noix.

Le docteur Hayes décrit comme il suit une des scènes dont il a été le témoin, en 1809, dans le fiord de Sermitsialik. En avant du glacier, une tour démesurée de glace se dressait comme un gigantesque monolithe. La chute d'énormes blocs, arrachés à la banquise principale, donna le signal d'une série de détonations formidables.

« La dernière et la plus forte détonation provenait de l'effondrement de la tour. Comme si le sol sous-marin se fût affaissé au-dessous de lui, l'obélisque entier s'abîmait peu à peu dans le gouffre. Ce ne fut pas une chute, ce fut un émiettement, qui dura au moins un quart de minute. Le colosse se désagrégeait comme s'il eût été composé d'écailles ou plutôt de feuillets qui s'en détachaient couche par couche. A peine eûmes-nous le temps de nous en rendre compte, car, de la base au sommet, le front du glacier se couvrit d'un nuage d'embrun à peine transparent, derrière lequel on entrevoyait faiblement l'éboulis continuel des glaces. Des cris d'étonnement et d'admiration sortaient de toutes les bouches. Le danger aurait été bien grand qui nous eût arrachés à la fascination d'un tel spectacle. L'enthousiasme fut sans bornes quand la flèche du clocher descendit peu à peu dans la grande masse d'écume et de vapeurs où elle disparut bientôt.

« D'autres parties du glacier éprouvaient à leur tour une dislocation semblable, causée sans nul doute par la commotion de la fracture première. Nombre de colonnes, moins parfaites de formes, s'abîmèrent de la même façon; de grands feuillets se détachaient et tombaient à la mer avec fracas, au milieu du sifflement des eaux; la masse entière craquait, criait, hurlait. Puis tous les bruits particuliers furent noyés dans un rugissement sonore qui éveilla les échos des montagnes et vint porter l'effroi parmi nous.

« Les plus épouvantables roulements du tonnerre atmosphérique ne sont rien auprès de cette clameur du glacier en travail. Il semblait que les bases mêmes du globe fussent ébranlées par ce grondement sinistre. Depuis la chute du premier des fragments, le bruit allait croissant avec une régularité saisissante, nous rappelant le vent qui gémit dans les arbres avant la tempête, puis élève la voix et balaye la forêt sous son souffle terrible. »

Les icebergs (de deux mots allemands qui signifient montagne de glace) proviennent fréquemment de ces masses énormes éboulées du glacier à la mer ; mais ils peuvent aussi surgir inopinément, du fond même des eaux, en se séparant des parties du glacier qui, dans leur marche progressive et continue, ont fini, suivant toujours la pente du terrain, par plonger sous les flots. Alors, la glace étant, à volume égal, plus légère que l'eau, tend à remonter à la surface. A un certain moment, la cohésion du bloc se trouve inférieure à la poussée croissante du liquide déplacé. Quelque fragment énorme s'en détache, et jaillit au-dessus des flots comme en jaillirait un simple bouchon de liège abandonné à lui-même dans des conditions analogues.

Ecrasé inévitablement par les glaçons, projeté en l'air comme par la détente d'une catapulte formidable — tel serait le destin d'un navire assez malavisé pour entrer en collision avec un iceberg naissant. Il y a de ces monstres dont la hauteur au-dessus de l'eau — sans tenir compte de la partie immergée — atteint ou dépasse une centaine de mètres pour une superficie de plusieurs milliers de mètres carrés. Il y en a aussi de moins considérables et sur lesquels, à défaut d'autre issue, des navires parfois, sous les ordres d'un capitaine hardi, ont pu foncer comme des béliers pour les fendre de leur étrave et passer.

Les banquises flottantes se distinguent des icebergs par des dimensions beaucoup plus considérables — souvent plusieurs kilomètres de diamètre — et aussi par leur mode de formation. En général, c'est au moment des débâcles causées par les chaleurs du printemps et de l'été — chaleurs relatives, bien entendu — qu'elles s'arrachent aux champs de glace qui prolongent, pour ainsi dire, la côte dans la pleine mer. Elles commencent alors de vastes pérégrinations à travers l'Océan. Mais, fréquemment, au milieu du voyage, un refroidissement subit de la température les soude deux à deux. Le navire surpris dans une étreinte de ce genre n'a qu'à se résigner. Il en est quitte à bon compte si sa réclusion prend fin au premier printemps qui suit, et si le champ de glace, une fois dégagé, ne l'entraîne pas avec lui dans sa dérive. Le moyen énergique employé par le navigateur Mac-Clure — faire sauter la glace avec un baril de poudre — ne peut être de quelque utilité que si le navire est seulement bloqué par un banc peu large au delà duquel se trouve une mer libre.

Dès qu'ils arrivent aux hautes latitudes, les navigateurs installent à la cime d'un mât, à poste fixe, une vigie chargée de signaler l'approche des glaciers. L'appareil, simple mais sûr, dans lequel se juche l'observateur, se compose d'un tonneau dont on fait sauter l'un des fonds. Sa position au sommet du grand mât lui a valu le nom pittoresque de : « nid de corbeau ». Le matelot de quart y entre jusqu'aux aisselles et peut ainsi, en toute sécurité, inspecter la mer avec une longue-vue.

CHAPITRE XIV

AUX PÔLES (SUITE ET FIN)

Aurores boréales et australes. — Description d'une aurore boréale. — Aurores australes. — Cause des aurores. — Faune et flore des pôles. — Une opinion d'Aristote. — Température des pôles. — Conclusion. — Au pôle en ballon.

Dans les longues nuits du pôle, un merveilleux phénomène vient fréquemment frapper d'admiration l'explorateur : les aurores, boréales ou australes, ces dernières bien moins souvent décrites, bien moins belles aussi que les boréales auxquelles une théorie audacieuse les rattache cependant par une connexion intime.

Les descriptions abondent pour l'aurore boréale. Une des plus pittoresques et des plus scientifiques en même temps est celle du célèbre naturaliste et philosophe allemand Alexandre de Humboldt, un des plus grands esprits dont s'honore la science moderne. Voici la relation de son livre célèbre : *le Cosmos*.

« A l'horizon, vers le méridien magnétique du lieu, le ciel, d'abord pur, commence à se rembrunir ; il s'y forme une sorte de voile nébuleux qui monte lentement et finit par atteindre de 8° à 10°. A travers ce segment obscur, dont la couleur passe du brun au violet, les étoiles se voient comme à travers un épais brouillard. Un arc plus large, mais d'une lumière éclatante, d'abord blanc, puis jaune, borde le segment obscur. Quelquefois l'arc lumineux paraît agité, pendant des heures

15

entières, par une sorte d'effervescence et par un continuel
changement de forme avant de lancer des rayons et des colonnes
de lumière qui montent jusqu'au zénith. Plus l'émission de la
lumière polaire est intense, et plus vives en sont les couleurs ;
elles passent du violet et du blanc bleuâtre au vert et au rouge
purpurin. Tantôt les colonnes de lumière paraissent sortir de
l'arc brillant mélangées de rayons noirâtres semblables à une
fumée épaisse ; tantôt elles s'élèvent simultanément en divers
points de l'horizon, et se réunissent en une mer de flammes
dont aucune peinture ne saurait rendre la magnificence ; car,
à chaque instant, de rapides ondulations en font varier la
forme et l'éclat. Autour du point qui répond, dans le ciel, à la
direction de l'aiguille d'inclinaison, les rayons paraissent se
rassembler et former la couronne de l'aurore boréale ; c'est
une espèce de dais céleste formé d'une lumière douce et pai-
sible. Il est rare que l'apparition soit aussi complète et se
prolonge jusqu'à la formation de la couronne ; mais, quand
celle-ci paraît, elle annonce toujours la fin du phénomène.

« Les rayons deviennent alors plus rares, plus courts et
moins vivement colorés. La couronne et les arcs lumineux se
dissolvent, et bientôt on ne voit plus sur la voûte céleste que
de larges taches nébuleuses immobiles, pâles ou d'une couleur
cendrée ; elles ont déjà disparu que les traces du segment
obscur, par où l'apparition débuta, persistent encore à l'horizon.
Enfin, il ne reste souvent, de ce beau spectacle, qu'un faible
nuage blanchâtre, à bords déchiquetés, ou divisés en petits
amas, comme les cirro-cumuli. »

Quelques traits suffiront pour compléter cette brillante ana-
lyse. Une sorte de bruissement particulier a été observé assez
souvent au moment de la production du phénomène. Plus
certainement, la présence de nuages légers en serait insépa-
rable.

Les explorateurs s'entendent pour comparer les ondulations
de la zone lumineuse à celles de draperies flottantes. Les rayons

ont souvent enfin une scintillation capricieuse, un mouvement dansant, pour ainsi dire, qui se réverbère et bondit sur les prismes de glace en les colorant de teintes fantastiques (améthyste, opale, argent fondu, émeraude).

Il s'en faut de beaucoup que les aurores australes présentent ce spectacle féerique. A peine si, dans le brouillard opaque, une lueur rougeâtre se distingue au-dessus de l'horizon. Quelques reflets brillants effleurent un instant la cime des glaciers, mais pour disparaître bientôt dans la brume qui les noie. Les icebergs reprennent leur monotone défilé, — mornes comme des cercueils flottants. Jamais, si l'on n'eût observé que les régions australes, on n'aurait songé à donner le nom d'aurore à ces pâles lueurs, bien plus semblables à un crépuscule qu'à un lever de soleil.

Quelle est la cause productive des aurores? Dans une vue de génie, déjà indiquée au xviie siècle par le physicien anglais Halley, Ampère a comparé la terre à un immense aimant dont les pôles boréal et austral seraient sensiblement dirigés vers les pôles de même nom de la sphère céleste. La théorie qui prédomine actuellement attribue la formation des aurores à un dégagement d'électricité positive au pôle boréal et d'électricité négative au pôle austral. Le phénomène aurait toujours lieu simultanément aux deux pôles. Il serait analogue aux manifestations lumineuses qui se produisent aux deux pôles de nom contraire d'un courant électrique traversant un des tubes vides d'air imaginés par Geissler. De belles expériences, réalisées en 1867 par M. de La Rive, et tout récemment par M. Planté avec des appareils complètement différents et beaucoup plus puissants, tendent à confirmer cette explication.

Ce n'est pas seulement au point de vue des aurores que les
contrées antarctiques semblent déshéritées. Les divers phénomènes lumineux, parhélies, anthélies, halos, couronnes, para-
sélènes, si fréquents dans les régions boréales, quoique se
rencontrant également dans les zones tempérées, n'ont été
aperçues qu'exceptionnellement dans les parages antarctiques.
Les constellations y sont moins nombreuses ; les terres, dissé-
minées dans une foule d'îles au lieu d'être réunies en vastes
continents, ne possèdent qu'une faune et une flore plus misé-

rables encore que celles des régions boréales. Cette infériorité
s'étend aux habitants eux-mêmes. L'Esquimau, dernier représentant des familles humaines dans les régions arctiques, sans
cités, sans industrie, sans arts, ne subsistant que par peuplades
errantes, par familles isolées, en butte à des froids inférieurs
à 50° au-dessous de zéro, froids suffisants pour geler le rhum
dans les tonneaux et dans les gourdes, pour permettre de travailler au marteau, de découper à la hache comme du plomb,
d'ériger en statues le vif argent (mercure), le plus mobile et
le plus fuyant des liquides, — l'Esquimau que la faim, plus
inexorable encore que le froid, contraint à braver les tour-

CHASSE AUX MORSES

mentes de neige s'il ne veut périr de dénûment, demeure, malgré toutes les rigueurs du climat qui l'accable, infiniment supérieur en moralité et en intelligence au Fuégien anthropophage de la Terre-de-Feu.

La réalité est donc loin de répondre à une opinion originale d'Aristote d'après laquelle les peuples de l'hémisphère austral seraient singulièrement avantagés par ce seul fait qu'ils voient le soleil se lever à leur droite !

Il y a lieu de remarquer, en terminant, que la conquête du pôle Sud semble devoir être, en dépit de l'opinion généralement accréditée, d'une réalisation moins difficile que celle du pôle Nord. Des observations précises ont démontré en effet qu'à latitude égale le climat était moins rigoureux dans l'hémisphère Sud que dans l'hémisphère Nord ; c'est ainsi qu'à Londres le thermomètre descend fréquemment à 8 ou 10 degrés au-dessous de zéro, tandis qu'à Victoria, presque aux antipodes de la capitale de l'Angleterre, la température s'abaisse rarement au point de congélation de l'eau. Nous rappellerons que le capitaine Ross a découvert, par delà 74° de latitude Sud, un volcan en pleine éruption, alors que ceux du pôle Nord, ceux de l'île Jan-Mayen par exemple, sont depuis longtemps éteints.

D'importantes questions concernant l'état magnétique du globe, la formation des glaces, la naissance des grands courants aériens, etc., trouveront leur solution au pôle.

A tout prendre, si l'accès par les mers en demeure impossible, peut-être un dernier progrès de la navigation aérienne ouvrira-t-il une voie nouvelle aux explorateurs du xxᵉ siècle.

La conquête des mers serait ainsi liée à la conquête des airs.

TROISIÈME PARTIE
LES CÔTES

CHAPITRE PREMIER
LES PORTS ET LES DIGUES

Ports naturels. — Ports artificiels. — Môles, digues, jetées. — Bassins de retenue. — Écluses de chasse. — Bassins à flot. — Ports militaires. — Ports de commerce. — Construction des digues. — Travaux exécutés dans la baie du Mont-Saint-Michel.

Les ports sont destinés avant tout à procurer un abri sûr au navire qui vient, soit déposer ses marchandises, soit renouveler ses provisions, se ravitailler, selon le terme marin.

Rarement un bassin se trouve naturellement disposé de telle sorte que les navires y puissent accéder sans danger (port naturel). Là même où la nature a le plus fait, à Brest, par exemple, où la rade et le port proprement dit s'ouvrent au fond d'un golfe qui pénètre profondément dans les terres, l'homme doit intervenir pour régulariser, plier plus complètement à son usage les ressources qui lui sont gratuitement offertes (port artificiel).

Les môles, les digues et les jetées sont de vastes constructions, d'ordinaire en maçonnerie, qui s'avancent dans la mer. Leur principal effet est d'arrêter les lames, tout au moins de briser leur élan. Elles empêchent aussi l'envahissement du port par les sables.

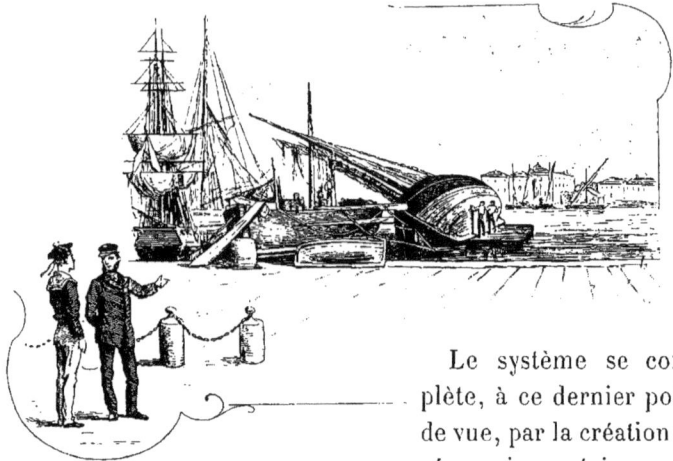

Le système se complète, à ce dernier point de vue, par la création de réservoirs spéciaux que la marée haute vient remplir. Un système d'écluses ferme ces réservoirs au moment du jusant. On rouvre les portes lorsque la mer est basse. L'eau retenue jaillit alors avec une force de propulsion énorme, entraînant au large tous les dépôts, bancs de sables ou de vase, qui peuvent encombrer le chenal. Ces réservoirs portent indifféremment les noms de bassins de retenue ou d'écluses de chasse, selon qu'on considère leur mode de fonctionnement ou leur but.

Enfin, dans certains ports, pour éviter qu'à la marée basse les navires, abandonnés par les eaux, ne se couchent sur le côté dans la vase, on aménage encore d'autres bassins spéciaux, dits bassins à flot, qui s'emplissent à la marée haute et qu'on ferme à la marée descendante en vue d'y conserver toujours une profondeur d'eau suffisante pour les bateaux qui s'y trouvent.

La même différence qui sépare la marine de guerre et la marine marchande se retrouve nécessairement dans la nature et la destination des ports. Les ports militaires — on en compte cinq en France : Cherbourg, Brest, Lorient, Rochefort et Toulon — sont essentiellement des œuvres de défense nationale. Là se construisent, s'arment, se réparent les vaisseaux de guerre, là se fabriquent et se conservent les munitions et les approvisionnements de toute espèce destinés à la flotte. A cet effet, chaque port militaire est complété par un arsenal où des milliers d'ouvriers travaillent sous la direction de l'autorité maritime.

Un grand nombre de navires de guerre sortent aussi des ateliers de l'industrie privée, notamment des « Forges et chantiers de la Méditerranée » (à la Seyne près de Toulon).

Quant aux ports de commerce, ils sont, comme leur nom

l'indique, spécialement construits et outillés en vue de faciliter
par des quais, des bassins, des docks d'un développement suf-
fisant, l'accès des navires à toute heure, le chargement et le
déchargement rapides des marchandises. Nos principaux ports
de commerce sont : Marseille, le Havre, Bordeaux, Cette,
Saint-Nazaire, La Rochelle, Nice, etc.

C'est surtout dans la construction des digues que s'est mani-
festé le génie opiniâtre de l'homme en lutte avec l'envahis-
sante mer.

La France, pour n'avoir pas à
soutenir contre les flots l'incessant
combat où s'exalte, où s'userait,
n'était son énergie, la patiente
Hollande, n'en figure pas moins à
un rang d'honneur parmi les pays
qui ont fait reculer l'océan. On
cite, parmi les plus gigantesques
entreprises de ce genre, la digue de
Cherbourg, d'une longueur de près de 4.000 mètres, les môles
de Granville, les jetées de Calais, du Havre, de Dunkerque.
Mais l'exemple le plus caractéristique est peut-être celui des
travaux exécutés dans la fameuse baie du Mont-Saint-Michel.

Voici comment M. Elysée Reclus, dans son grand ouvrage
sur la France, rend compte de cette merveilleuse entreprise
et des difficultés qui s'y rencontraient :

« Dans la baie du Mont-Saint-Michel, écrit l'éminent géographe, les conquêtes de la mer (les empiétements du flot sur
la terre ferme) se sont faites avec d'autant plus de violence
que les marées s'y élèvent à une plus grande hauteur. Sur les
rivages du continent d'Europe, il n'est pas de golfe où le flot
s'accumule en masses pareilles. Dans le monde entier, on ne
connaît que deux parages où l'écart entre le flot montant et la

LA DÉFENSE DES CÔTES

basse marée soit plus considérable : l'estuaire de la Severn, en Angleterre, et la baie de Fundy, dans la Nouvelle-Ecosse. Sur la côte méridionale de la Bretagne, où le flot de marée, venant du sud, se déroule avec une assez grande régularité, le flux n'a rien d'exceptionnel ; il atteint d'ordinaire 5 mètres de hauteur au-dessus des basses eaux. Dans les grandes marées de syzygie, il s'élève de 6 ou 7 mètres au plus. Mais, dans les golfes de Saint-Malo et de Saint-Michel, les conditions ne sont pas les mêmes. Là, le flot de marée qui vient heurter les îles de Guernesey et de Jersey se trouve soudain retardé, tandis qu'au sud il pénètre librement dans la baie. Avant de refluer en arrière, ce flot est soutenu par le restant de l'ondulation qui vient de dépasser les îles, et sa crête se trouve ainsi notablement exhaussée. Ce n'est pas tout : un autre flot de marée qui vient de contourner toutes les Iles Britanniques par le canal des Orcades, la mer du Nord et le Pas-de-Calais, s'ajoute au flot précédent venu directement de l'Atlantique ; les deux intumescences se superposent, et l'ensemble de la vague de marée peut monter à 10, 12, et même 15 mètres de hauteur au-dessus des mortes-eaux...

« A marée basse, la plage se développe en un demi-cercle presque régulier de la pointe de Cancale à celle de Granville ; puis, quand le flux, souvent aidé par un vent d'ouest ou du nord-ouest, vient empiéter sur le continent, c'est à vue d'œil que se rétrécit l'immense champ des sables. Dans l'espace de six heures, une surface d'environ 300 kilomètres carrés se trouve envahie. L'écueil de Tombelène, la roche si pittoresque du mont Tombe ou mont Saint-Michel, portant ses cachots, son église et sa forteresse, sont changés en îles [1] ; les embouchures des cours d'eau se transforment en larges estuaires, le littoral est découpé en golfes et en baies que l'on voit changer incessamment de dimension.

---

[1] Ceci n'est plus exact du mont Saint-Michel, qu'une digue continue relie aujourd'hui à la terre ferme.

« On a calculé que, lors des marées de vives eaux, la masse liquide qui baigne et délaisse alternativement la baie du mont Saint-Michel dépassait treize cent millions de mètres cubes, quantité suffisante pour alimenter un fleuve comme la Seine à Paris pendant soixante jours. De pareilles masses qui doivent en l'intervalle de quelques heures s'étaler sur la plage, puis s'enfuir et s'équilibrer autour des îles et des archipels, forment dans les passages étroits des courants très rapides, de véritables fleuves contre lesquels les navires à voiles sont trop faibles pour lutter. Aussi la roche qui se dresse dans ce golfe où se heurtent les eaux contraires avait-elle reçu jadis des marins normands le nom de Saint-Michel « en péril de mer ».

« Malgré les dangers que présente la lutte contre un ennemi aussi formidable que le flot des marées, l'homme ose l'entreprendre, et déjà il a reconquis une part considérable de la région dont la mer s'était emparée. Toute la plaine des environs de Dol avait été jadis envahie par les eaux, et la butte isolée du Mont-Dol, si curieuse aux yeux des géologues par les quantités d'animaux qu'y porta le flot à diverses époques, éléphants, urus, cerfs aux grands andouillers, était à haute mer un îlot semblable au mont Saint-Michel et à Tombelène ; mais ces 15.000 hectares de marais ont été repris et transformés par un syndicat de propriétaires en excellentes terres de culture. Commencées au xiᵉ siècle, les digues de reconquête s'arrondissent en une vaste courbe de Cancale à Pontorson sur une longueur d'environ 30 kilomètres, puis à l'est du Couesnon se continuent jusqu'à la pointe de la Rochetorin, qui limite le golfe de la Sélune : le mur de défense est ainsi prolongé d'une quinzaine de kilomètres. Le rempart extérieur qui sert de grande route s'élève à une hauteur moyenne de 10 mètres. Quoique défendu sur le côté du large par des enrochements, il a été assez souvent percé par les flots de la tempête, et les 23 communes qu'il protégeait ont été partiellement inondées. Néanmoins, la science hydraulique

a fait d'assez grands progrès pour qu'il n'y ait aucune témérité à pousser plus avant les cultures et à transformer en
polders les sables incertains de la baie...

« Peut-être même ne sera-t-il pas impossible de reprendre
hardiment, au moyen d'un rempart semi-circulaire, tous les
fonds de la baie qui découvrent à marée basse. Le plus grand
obstacle à l'œuvre de reconquête provient, non de la mer que
l'on peut braver, mais des rivières auxquelles il faut ménager
une issue et dont il faut empêcher les divagations dans les

sables. Naguère le Couesnon, « qui, par sa folie, mit Saint-
Michel en Normandie, » changeait fréquemment de cours à
marée basse : après avoir coulé à l'est du mont Saint-Michel,
il s'était rejeté vers l'ouest, et chaque grande marée en
déplaçait le lit. De même la Sélune a fréquemment erré sur
la plage mobile : parfois elle rase la côte au nord de Tombelène, et parfois elle va directement au large. Ce n'est pas tout :
les eaux des rivières ne coulent pas seulement à la surface,
elles suintent aussi dans les profondeurs des sables, et souvent
l'arène, reposant sur une nappe d'eau mouvante, devient
fluide elle-même : tout objet lourd s'y engouffre aussitôt. Si
l'on en croit les traditions, un navire échoué aux environs du

mont, vers la fin du siècle dernier, se serait tellement enfoncé
dans la grève que tout avait disparu jusqu'à l'extrémité des
mâts. Que de fois des voyageurs égarés dans le brouillard ont
par malheur posé le pied en dehors du sol affermi, et se sont
« enlisés » soudain dans un sable sans fond ! Maintenant le
Couesnon est enfermé par des digues, alternativement émer-
gées et sous-marines, qui en conduisent les eaux jusqu'à la
base de la roche de Saint-Michel. »

CHAPITRE II

LA HOLLANDE ET SES DIGUES

Lutte de la terre et de la mer. — Catastrophe du lac Flevo. — Digues. — Assèchement du sol. — Polders. — Mer de Haarlem. — Le Zuyderzée. — Les diguiers.

Le plus émouvant épisode de ce duel où l'océan lance sur la terre ses flots débordés, où la terre oppose à l'océan le bouclier en pierre de ses digues, s'est déroulé, se déroule encore sur les côtes basses de la Hollande.

Depuis les temps historiques, la Hollande est en lutte ouverte contre la mer. Son histoire serait celle d'un triomphe perpétuel sur les eaux, si l'élément refoulé n'avait des rébellions et des traîtrises terribles.

A la fin du XIII° siècle, il y avait dans la Frise un lac, le lac Flevo, qu'une rivière, appelée la Flevum, mettait en communication avec la mer. Pays bas, marécageux, pas inhabitable, cependant, bien loin de là même, puisqu'une population de 100.000 âmes, groupée dans plus de cent villages, occupait cette région. La Hollande tout entière, d'ailleurs, est la *terre creuse*, comme l'indique son nom (*holt land*, terre creuse). La Zélande a pour armes un lion émergeant de la mer : « *Luctor et emergo* (je lutte et j'émerge), » dit sa devise.

Toute la vie tumultueuse et violente du XIII° siècle : pillages des barons féodaux, ces pirates titrés de l'époque, révoltes des paysans, jacqueries des manants soulevés, guerres civiles

17

et guerres religieuses, luttes pour l'or et luttes pour le pain,
conversions par le fer et le feu, toute l'agitation fiévreuse
du moyen âge se
déroulait donc au-
tour du lac Flevo
lorsqu'une tem-

pête s'éle-
va.

D'abord,
la rivière
déborda,
reflua vers
le lac. Puis la mer, soulevée, se haussa et, d'un élan irrésistible, s'abattit sur la côte. L'inondation monta, s'épandit,
couvrit tout, semblable au Déluge dépeint par Leconte de
Lisle :

> ... De tous les côtés de la terre, un murmure
> Encore inentendu, vague, innommable, emplit
> L'espace, et le fracas d'en haut s'ensevelit
> Dans celui-là. La mer, avec sa chevelure
> De flots blêmes, hurlait en sortant de son lit.
>
> . . . .
>
> Elle allait, arpentant d'un seul repli de houle,
> Plaines, vallons, déserts, forêts, toute une part
> Du monde, et les cités, et le troupeau hagard
> Des hommes, et les cris suprêmes, et la foule
> Des bêtes qu'aveuglaient la foudre et le brouillard...

Ce fut court, l'océan noya tout. Après la tempête, il y avait,
à la place des terres, un golfe, le Zuyderzée, ballottant sur
ses vagues cent mille cadavres humains.

Du vı^e au xıx^e siècle, l'histoire des Pays-Bas enregistre plus de deux cents désastres de ce genre, sinon de cette importance.

On comprend qu'ainsi menacée la Hollande ait fait de ses digues, selon un mot courant, des « constructions romaines » par leur caractère de monumentale grandeur. La nécessité d'assécher l'intérieur de la contrée, par endroits de 5 mètres au-dessous du niveau moyen des eaux à Amsterdam, et dans laquelle, par surcroît, l'exploitation des tourbières crée une cause permanente de la production de marécages, constitue, avec l'entretien des digues, les deux grandes préoccupations nationales du pays.

On appelle *polders* les terres intérieures conquises par le dessèchement des marais. A l'origine, les Hollandais se contentèrent d'enclore dans de simples digues munies d'écluses plus ou moins appropriées à leur but les marécages du pays. Plus tard ils utilisèrent la force du vent pour mettre en mouvement des moulins actionnant des machines d'épuisement des eaux. L'invention de la vapeur mit enfin aux mains de leurs ingénieurs une force prodigieuse rendant possibles des entreprises, conçues déjà pour la plupart mais non réalisées, faute de moyens pratiques, par les premiers promoteurs de l'idée.

Un des plus grands travaux accomplis dans cet ordre de vues par le xıx^e siècle est celui de l'assèchement du lac de Haarlem : véritable mer intérieure, des batailles navales y avaient été livrées. Ses eaux, croissant toujours, avaient pu faire craindre un sinistre semblable à celui du lac Flevo. Desséché, il a rendu à l'exploitation agricole une superficie de dix-huit mille hectares.

La Hollande aujourd'hui ne se propose rien moins que de

reprendre le Zuyderzée à la mer. La digue projetée, longue de
40 kilomètres, coupera le golfe suivant une ligne allant
d'Enkeriser, petite ville située sur la côte occidentale, à l'île
d'Urk, et de cette île à Kampen, sur la rive opposée.

On peut dire que tout le littoral néerlandais est défendu par
des digues. La description suivante, empruntée à M. Charles de
Coster, donnera une idée générale de ces constructions, en
même temps que de curieuses indications plus spéciales aux
ouvriers diguiers de West-Capelle, village situé à l'ouest
de Walcheren, une des îles qui se dressent à l'embouchure de
l'Escaut.

« Au bout de la longue rue de West-Capelle se trouve la
grande digue qui protège contre la mer du Nord l'île de
Walcheren tout entière. Quand on remonte de quelques siècles
dans l'histoire, West-Capelle apparaît comme un cap entouré
de hautes dunes. Ce cap avait beaucoup à souffrir des courants
qui le minaient. Les dunes s'en allèrent insensiblement, jusqu'à ce que des tempêtes du nord et du nord-ouest eussent
englouti le premier West-Capelle. Lorsque le rempart naturel
eut disparu, on sentit la nécessité de protéger la côte au moyen
de travaux d'art. On commença d'abord par y transporter une
terre argileuse très épaisse, et par la fortifier au moyen de pilots
enfoncés profondément dans le sol et solidement reliés entre
eux. Entre ces pilots, on jeta de lourdes pierres. On appela
cette sorte d'ouvrage : stakelten, estacade ; c'est le nom qu'il
porte encore aujourd'hui...

« ... Le plus grand ennemi de West-Capelle et de toute l'île
de Walcheren fut toujours la mer. Plus d'une fois, enlevant
les dunes et les digues, elle força les habitants à se déplacer
ou à réparer la digue. De là, des frais énormes d'entretien qui
incombent encore aujourd'hui à l'île tout entière, puisque
West-Capelle est le point le plus exposé, et celui, par conséquent, qu'il faut le mieux défendre. Les habitants cultivent la

terre quand ils n'ont pas à s'occuper de la digue, mais ne
veulent pas qu'on les nomme paysans. Ils sont de West-
Capelle, et pour eux c'est tout dire...

« Doué d'un sens exquis de ce qui est juste, l'ouvrier
diguier de West-Capelle ne souffre aucune atteinte portée à
ses droits. Ses devoirs, il les connaît : c'est de travailler à la
digue, quelque temps qu'il fasse, dût-il y laisser sa peau. Il
emprunte sa vigueur au grand élément, à la mer, qu'il combat
lorsqu'elle se rue avec toute sa puissance sur la digue et soulève comme des plumes des pierres de 600 à 800 kilos, lorsqu'elle déchire comme du papier les estacades formées d'arbres
entiers entrelacés. Il bondit alors comme un chat sur les têtes
des pilots, au milieu des vagues folles, et dispute à l'ennemi
chaque centimètre de terrain.

« Il est naturel qu'on n'emploie pas aux travaux de la digue
d'autres ouvriers que ceux de West-Capelle. Ils sont diguiers
par héritage, par instinct, et de père en fils depuis des siècles.
Des étrangers pouvaient à West-Capelle travailler à la terre,
ou exercer tous les commerces et toutes les industries, mais
il leur était absolument interdit de travailler à la digue. Si les
tempêtes d'arrière-saison venaient anéantir des ouvrages d'art
et faire redouter des ruptures, on sonnait la cloche d'alarme,
et le crieur parcourait les rues du grand village en frappant
sur son bassin en cuivre en criant : « *Nood! Nood! groote
nood!* — *Klein en groot,* — *Arm en riik,* — *Al naar den djick.*
Détresse! détresse! grande détresse! — Petits et grands, —
Pauvres et riches, — Tous à la digue! » Alors tout ce qui avait
des bras se présentait et travaillait à la digue avec les ouvriers
diguiers. Le danger ayant disparu, la réserve était renvoyée;
aujourd'hui elle est permanente.

« Les diguiers sont divisés en brigades de trente hommes
environ qu'ils nomment bandes. Chaque bande a un chef
nommé *baas*, et un administrateur teneur de livres. Les
ouvriers élisent eux-mêmes leur chef et leur teneur de livres.

L'admission à l'état d'ouvrier diguier est accompagnée de
certaines cérémonies. L'aspirant n'est admis qu'après être
entré par la brèche, c'est-à-dire en passant au milieu de deux
haies de jeunes gens qui le bousculent dans tous les sens.
Lorsque cette opération est terminée, il est conduit devant le
baas. Là, en présence de tous, on lui énumère ses devoirs et
on l'engage à les bien remplir. Ensuite chaque bande se rend
au cabaret afin d'y boire un verre de genièvre aux frais du
récipiendaire. Certains ouvriers diguiers de West-Capelle sont
si robustes qu'ils portent sans peine, à d'assez grandes distances, des pierres de 200 kilos, et si agiles qu'ils courent sur
la tête lisse des pilotis, allant de l'un à l'autre, avec un pilot
sur l'épaule, sans rien craindre et sans tomber...

« On emploie, pour empierrer la digue ou la paver, du
grès de Vilvorde, de Louvain et de Malines, des pierres calcaires de Tournai et de Baseclef; du basalte d'Allemagne
extrait des carrières de Brohl, d'Andernach, de Linz et d'Ober-
Cassel. Si les Zélandais avaient sous la main les matériaux
dont peuvent disposer les Belges, ils ne compliqueraient pas
ainsi le revêtement de leur digue. Mais les pierres leur coûtent
fort cher. Ils emploient donc, comme toujours, les matériaux
qu'ils ont sous la main. Le sable, l'argile, le gazon, les fascines,
la paille, les roseaux et les pilots abondent sur la digue, tandis
que les pierres y sont relativement en petite quantité. Les
pilots sont garnis de clous en fer de fonte à courtes pointes, à
larges têtes, qui les couvrent comme d'une cuirasse. Ces clous,
qui viennent, dit-on, de Seraing, sont le seul moyen de préserver le bois contre les tarets...

« Les frais de réparation de la digue coûtent 60.000 florins
par an. La paille seule en coûte 7.000... »

CHAPITRE III

LES PHARES

Les dangers de l'atterrissage. — Phares. — Le Phare d'Alexandrie. — Les Naufrageurs. — Miroirs métalliques. — Fresnel. — Lentilles de verre. — Phares à éclipses. — Phares à feux fixes. — Phares électriques. — Faraday. — Phares de la Hève. — Phare de Cordouan. — Phare des Héaux. — Derniers progrès. — Feux-éclairs. — Feux-éclairs électriques. — Grand rôle des phares.

Le navigateur doit redoubler de prudence à l'approche des côtes. La profondeur des eaux décroissant en raison de la proximité du rivage, la présence possible de récifs ou de bancs de sable dissimulés sous les vagues, à une faible distance de la surface, constitue un danger permanent. Le département français du Calvados doit indirectement son nom à la ligne d'écueils qui en défend l'accès du côté de la pleine mer. En 1588, un des vaisseaux de l'Invincible Armada, armée par le roi d'Espagne Philippe II, s'en vint échouer sur ces brisants. La mer rejeta les épaves à la côte qui, pour perpétuer le souvenir de cet événement, s'appela désormais — du nom du navire englouti : *le Salvador* — par corruption, le Calvados.

On s'est préoccupé de bonne heure des moyens pratiques de signaler aux marins les périls de l'atterrissage. Ces moyens sont aujourd'hui les suivants : phares, feux flottants sur pontons, bouées ou balises, bouées lumineuses, feux permanents, sirènes.

De grands feux allumés sur des points élevés ont paru, à

l'origine, répondre au but poursuivi. Ptolémée Philadelphe est célèbre pour avoir ordonné l'érection, dans l'île de Pharos, en face d'Alexandrie, d'une haute tour au sommet de laquelle on entretenait un fanal. Cette tour, œuvre de l'architecte Sostrate de Gnide, figure dans l'histoire légendaire sous le nom de Phare d'Alexandrie, comme l'une des Sept merveilles du monde. Le mot phare vient de Pharos : l'île donna son nom à la tour.

Ce système primitif a été longtemps le seul employé. Les Romains, le grand peuple civilisateur de l'antiquité, l'avaient introduit, notamment, dans les Gaules. Boulogne montrait encore, en 1643, un phare bâti par eux. C'était, comme celui de Sostrate, une simple tour, de forme octogonale, au sommet de laquelle de grands feux de bois ou de charbon, maintenus allumés, servaient de points de repère aux navigateurs.

Au moyen âge, la barbarie croissante des nations donna naissance à un horrible droit, le droit de *bris*, qui octroyait au premier occupant la propriété des épaves apportées par le flot. Chez les populations misérables et farouches des côtes, les plus sauvages abus en résultèrent. De grands feux, allumés à dessein sur les points du rivage dominant les passes les plus dangereuses du littoral, trompèrent les navigateurs qui, croyant entrer au port, venaient se briser sur les écueils. L'assassinat se joignit au pillage. A coups de gaffes, on assommait les malheureux épargnés par la mer. Quelle justice eût pu atteindre les naufrageurs? Le seigneur féodal prélevait la part du lion sur l'aubaine! « Mon écueil, s'écriait un comte de Léon, est une pierre plus précieuse que celles qu'on admire aux couronnes des rois! »

Il n'en est plus ainsi. Avec le progrès de la civilisation — avec, aussi, une misère moins grande, car la faim fait la brute — l'homme a cessé d'être « un loup pour l'homme », comme le qualifiait le philosophe anglais Hobbes. L'étranger n'est plus la proie, s'il est encore trop souvent l'ennemi. L'humanité, on peut le dire, a renoué alliance avec l'humanité.

A la fin du xviii⁰ siècle, diverses inventions d'optique ont permis de perfectionner singulièrement le système des phares. A la lueur irrégulière des feux de charbon ou de bois, on substitua celle des lampes à double courant d'air, imaginées par Argant. Derrière les lampes, on disposa des miroirs à courbure parabolique, c'est-à-dire des miroirs métalliques taillés suivant une forme spéciale qui leur donne la propriété de projeter dans une seule direction les rayons émanant d'un foyer lumineux placé à leur centre de courbure. La puissance d'éclairement de ces rayons ainsi recueillis et dirigés suivant un unique faisceau cylindrique se trouve multipliée de ce fait comme portée et comme intensité.

De nos jours, Fresnel a substitué aux réflecteurs de métal poli un assemblage de lentilles de verre dites lentilles à échelons. L'appareil comprend un système de lentilles centrales autour desquelles sont disposées des portions d'anneaux lenticulaires en *flint-glass*, taillées de telle sorte que leur action s'ajoute à celle de la lentille primitive. Dans les phares dits : phares à éclipses, chaque lentille est enchâssée dans un tambour à huit faces qui tourne autour de son centre au moyen d'un mouvement d'horlogerie. La lumière émise par le phare semble tourner avec la lentille et présente à intervalles égaux des *éclats* et des *éclipses*, dont le nombre par minute donne un moyen facile de reconnaître le phare et, par conséquent, le point de la côte vis-à-vis de laquelle se trouve le marin. On nomme phares à feux fixes les phares dans lesquels la lumière reste immobile.

Fresnel, sous la direction d'Arago, s'est également attaché à perfectionner la lampe. Avec quatre mèches cylindriques concentriques, il a obtenu une lumière égale à celle de

18

24.000 bougies, et susceptible d'être projetée jusqu'à 60 kilomètres au large.

De nos jours, on a appliqué l'électricité à l'éclairage des phares. La première tentative a été faite par le physicien anglais Faraday, au phare de Blackwall ; mais les premiers essais couronnés de succès ont été réalisés en France en 1863. Les deux phares de la Hève près du Havre ont été pourvus les premiers de cet éclairage incomparablement plus puissant que celui des lampes à huile les plus perfectionnées. Les machines dynamo-électriques employées se trouvent toujours en double au phare, de manière à ce qu'un accident arrivé à l'une d'elles n'interrompe pas l'éclairage.

Les systèmes de phares à feux fixes ou à feux tournants offrent chacun leurs avantages particuliers. Aussi les emploie-t-on l'un ou l'autre suivant les circonstances. On comprend par exemple qu'un phare établi sur un écueil ou dans une île n'aura son maximum d'utilité qu'autant qu'il sera possible de « faire tourner » le faisceau lumineux qui en émane de façon à éclairer successivement tous les points de l'horizon. Si, au contraire, un phare, élevé à l'entrée d'un port, domine d'un côté la ville, et de l'autre seulement la pleine mer, il sera possible de s'en tenir à un système projetant exclusivement vers le large les rayons recueillis (feu fixe).

La forme du piédestal supportant la lanterne du phare est évidemment indifférente. Rien n'empêche qu'elle offre un caractère artistique. La célèbre statue de Bartholdi, érigée

récemment à l'entrée du port de New-York et qui représente
« La Liberté éclairant le monde » est un phare. On cite en
France parmi les phares les plus importants, indépendamment
des deux phares de la Hève, le phare à feu tournant de Cordouan, bâti à 7 kilomètres en mer, sur un écueil, pour éclairer
l'entrée de la Gironde, et celui des Héaux, construit sur le
groupe de rochers qui forme la ligne de brisants appelée les
Épées de Tréguier :

> ... *Fier bout de chandelle sauvage*
> *Plantée au roc !*

comme a dit le poète Tristan Corbière.

Les renseignements suivants, extraits, comme ceux que l'on
trouvera plus loin sur les feux flottants et les bouées lumineuses, de très intéressantes *Notices sur les appareils d'éclairage* publiées en 1893 par le service des Phares, donneront
une idée exacte des progrès accomplis dans ces dernières
années.

Parmi les progrès réalisés, celui qui est, de beaucoup, le
plus important, se rapporte à un nouveau système d'appareil
d'éclairage pour feux à éclats dits : *feux-éclairs*.

L'innovation consiste à réduire la durée d'apparition des
éclats au temps *strictement* nécessaire pour la perception inté-
grale et complète de leur intensité lumineuse, c'est-à-dire à
un dixième de seconde.

Elle conduit à constituer les optiques avec une ou deux lentilles, au plus, et elle exige que la révolution des appareils
s'accomplisse en cinq ou dix secondes. Ces vitesses sans précédent, surtout pour les phares des premiers ordres, ont pu
être obtenues à l'aide de dispositions mécaniques simples et
de machines légères à mouvement d'horlogerie.

Ces nouvelles combinaisons permettent d'atténuer notable-

ment la perte de lumière, et d'obtenir le maximum d'effet utile
des appareils d'éclairage. Elles donnent le moyen d'augmenter
la puissance du feu des phares dans une proportion considérable, sans aggravation des dépenses d'installation ou d'entretien ; aussi semblent-elles destinées à déterminer une sérieuse
évolution dans les méthodes adoptées,
jusqu'à ce jour, pour l'éclairage des
côtes.

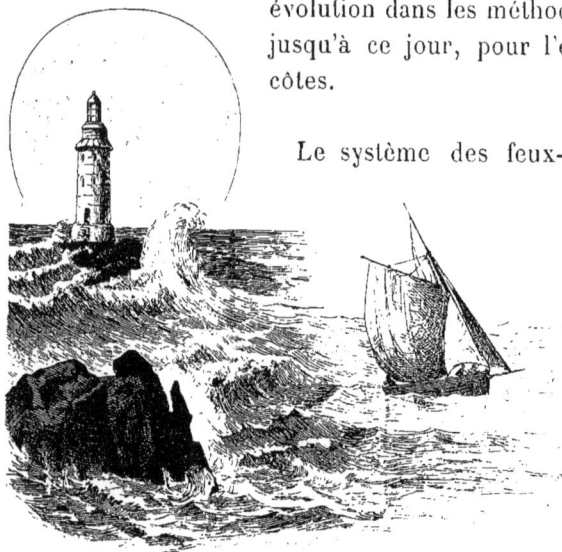

Le système des feux-éclairs a été
appliqué
aux phares
électriques.
A égalité de
force mo-
tricedépen-
sée, il a
fourni une
puissance
lumineuse
vingt fois
plus grande que celle des appareils primitivement employés
en France jusqu'en 1886. On est parvenu à atteindre une
intensité de 23 millions de bougies-mètres, qui est quadruple
de celle des feux électriques les plus puissants de l'étranger.
Ce système permettra même de porter à 40 millions de bougies la puissance lumineuse d'un feu électrique sans supplé-
ment de force motrice. On n'attend pour réaliser ce résultat
que la sanction, par une expérience prolongée, du nouveau
feu-éclair électrique récemment établi à la Hève.

... La puissance lumineuse des feux électriques est telle,
aujourd'hui, que ces feux sont fréquemment aperçus au delà
de leur portée géographique. Le feu direct disparaît, il est
vrai, dès qu'il passe au-dessous de l'horizon, mais l'observa-

teur continue à voir les faisceaux, qui tournent au-dessus
de lui, et qu'un effet de perspective fait apparaître comme
rayonnant du phare, dont le gisement reste, ainsi, nettement
indiqué pour guider le navigateur. Cet avantage considérable,
surtout pour les feux de grand atterrage, est tout à fait décisif.
Il justifie pleinement les dispositions tendant à accroître autant
que possible la puissance lumineuse des feux électriques et
conséquemment l'application de l'électricité au système des
feux-éclairs.

Michelet, dans son style imagé, a décrit admirablement le
grand rôle des phares.

« Pour le marin qui se dirige d'après les constellations, ce
fut comme un ciel de plus que la science fit descendre. Elle
créa à la fois planètes, étoiles fixes et satellites, mit dans ces
astres inventés les nuances et les caractères différents de ceux
de là-haut. Elle varia la couleur, la durée, l'intensité de leur
scintillation. Aux uns elle donna la lumière tranquille, qui
suffit aux nuits sereines ; aux autres, une lumière mobile,
tournante, un regard de feu qui perce aux quatre coins de
l'horizon. Ceux-ci, comme les mystérieux animaux qui illuminent la mer, ont la palpitation vivante d'une flamme qui
flamboie et pâlit, qui jaillit et qui se meurt. Dans les sombres
nuits de tempêtes, ils s'émeuvent, semblent prendre part aux
convulsions de l'Océan, et, sans s'étonner, ils rendent feu pour
feu aux éclairs du ciel...

« ... Beaux et nobles monuments, parfois sublimes aux yeux
de l'art, et toujours touchants pour le cœur. Leurs feux de
toutes couleurs, où se retrouvent l'or, l'argent des étoiles,
offrent un firmament secourable qu'une Providence humaine a
organisé sur la terre. Lorsque nul astre ne paraît, le marin
voit encore ceux-ci, et reprend courage, en y revoyant son
étoile, l'étoile de la Fraternité. »

CHAPITRE IV

FEUX FLOTTANTS. SIGNAUX SONORES
APPAREILS DE SAUVETAGE

Feux flottants. — Bateaux-feux. — Balises ou bouées. — Bouées lumineuses. — Feux permanents. — Signaux sonores. — Trompettes, sirènes. — Destruction des écueils par la dynamite. — Le Hell-Gate. — Pilotage. — Sémaphore. — Prévision du temps. — Signaux divers. — Signal de tempête. — Appareils de sauvetage. — Bateaux de sauvetage. — Instruments porte-amarre.

Pour éclairer l'entrée des passes, ou signaler aux navigateurs, à quelque distance de la côte, des lignes d'écueils particulièrement dangereuses, on se sert, au lieu de phares — dont les frais d'installation et d'entretien sont naturellement assez élevés, — de feux flottants sur pontons. A cet effet, des navires d'une forme spéciale, qu'on appelle bateaux-feux, sont mouillés, aux points convenables, sur des ancres très lourdes, au moyen de longues chaînes de fer. Un mât en tôle d'acier, d'une hauteur de 15 à 20 mètres, porte à son sommet une lanterne métallique destinée à recevoir les appareils d'éclairage. Ceux-ci consistent en un certain nombre de réflecteurs de 0,50 de diamètre avec lampes à deux mèches, alimentées avec de l'huile minérale.

Mais ces bateaux-feux, exigeant la présence à leur bord d'un équipage, ne sauraient être multipliés, en raison de la dépense encore assez considérable qu'ils nécessitent, autant qu'il le faudrait pour assurer la sécurité continue des côtes. On a suppléé à cette insuffisance par des balises ou bouées.

Ce sont des flotteurs solidement ancrés ; les plus connues ont la forme de tonneaux. Voici comment l'*Almanach de Calais* décrit celle qui flotte au-dessus de la ligne d'écueils appelés les Quénocs :

« La bouée est maintenue au fond par une griffe suspendue à une chaîne et pesant 3 000 kilogrammes au moins. Elle est surmontée d'une glace à trois faces, placées au-dessus de trois ailes de fonte que le vent peut mettre en mouvement sur leur axe. Au-dessous se trouve fixée une cloche avec un battant intérieur muni d'une triple tête, et trois battants extérieurs, tellement mobiles qu'ils sont mis en mouvement au moindre balancement de la bouée dans un sens quelconque. Ce n'est pas tout : la bouée est disposée en plate-forme au-dessous de la cloche, et garnie de fortes poignées facilement saisissables... Dans sa plus grande circonférence elle a $8^m,05$, et $2^m,25$ environ de diamètre à sa plate-forme. Un large bourrelet, qui se trouve au-dessus de sa flottaison, lui forme une véritable banquette circulaire. Elle est ainsi chargée de remplir trois missions de salut : elle indique l'écueil, le jour, par sa glace triangulaire et par le son de sa cloche, la nuit, par sa cloche seulement, ce qui suffit encore, et elle offre aux naufragés un accès facile. »

Dès l'année 1886, on a étudié un système de bouées lumineuses qui a donné les meilleurs résultats. Ces engins rappellent assez bien la forme d'une gigantesque toupie, dont la queue est constituée par un tube convenablement lesté et plonge dans la mer, dont la pointe, s'effilant à une hauteur variant entre, 4 et 7 mètres environ, supporte la lanterne qui abrite les appareils d'éclairage, constitués par une optique de $0^m,200$ ou de $0^m,300$ de diamètre, suivant l'importance du feu. Le brûleur, en stéatite, qui illumine l'optique, est alimenté par le gaz d'huile comprimé. La portée lumineuse de ces appareils peut dépasser 7 milles.

On est parvenu à maintenir, avec sécurité, les bouées lumineuses des plus grandes dimensions dans les parages les plus
exposés à la violence des vagues. On a pu assurer la régularité
et l'efficacité de leur éclairage dans les conditions les plus difficiles, et jusqu'à 100 milles de distance du port d'attache.
L'avantage essentiel de ces engins relativement peu coûteux
réside dans les facilités qu'ils donnent pour la répartition
presque uniforme de l'éclairage le long d'une route à suivre,
autour des dangers à éviter et sur le bord des chenaux prati-
cables.

Enfin on a réussi, en France, à faire fonctionner d'une façon
continue, jour et nuit, pendant plus de trois mois consécutifs,
des feux à une mèche alimentée à l'huile minérale ordinaire,
sans que le concours d'un gardien fût nécessaire durant ce
délai.

Ces feux, d'un nouveau genre, peuvent être ainsi abandonnés
à eux-mêmes, et il suffit, pour les entretenir, de les visiter à
de longs intervalles. Ils se prêtent, par suite, à l'éclairage des
tours-balises ou des dangers isolés en mer, et leur installation
peut se faire avec avantage dans toutes circonstances où les
moyens ordinaires seraient trop dispendieux.

Les navires, ainsi orientés au large par les phares, préservés
des écueils, guidés vers le port par les feux flottants et les
bouées, seraient encore à la merci d'une brume subite qui les
exposerait, comme des aveugles, à tous les hasards des mau-
vaises rencontres, collisions et naufrages ; mais quand les
signaux lumineux diminuent d'intensité, ne peuvent plus percer
l'opacité ouatée du brouillard, les signaux sonores les remplacent : nulle interruption dans la grande œuvre de salut. On a
placé au sommet des phares, sur les bateaux-feux, ou isolé
sur le rivage des trompettes et des sirènes que l'on peut mettre
en marche instantanément, dès l'apparition de la brume, et

EMBARQUEMENT D'UN PILOTE A BORD D'UN TRANSATLANTIQUE

19

dont les mugissements formidables, sous l'action de l'air comprimé rejeté au dehors par une machine de rotation à mouvement d'horlogerie, éclatent de minute en minute, jettent loin
en mer, au navigateur inquiet de voir les feux s'éteindre l'un
après l'autre, le cri d'alarme ou le mot de passe, semblent
vraiment illuminer les hasardeuses ténèbres, éclairer la route
des vaisseaux.

De nos jours l'emploi de la dynamite a permis de faire mieux
que d'éclairer simplement les écueils, en rendant possible leur
destruction. C'est ainsi que, le 24 septembre 1876, le général
américain Newton a pu faire sauter l'énorme récif le *Hell-Gate*
(en français *la porte d'Enfer*) qui rendait des plus dangereuses
l'entrée du port de New-York. On y avait foré environ cinq
mille trous de mine, bourrés de près de 50.000 kilogrammes
de matières fulminantes !

Au reste, à l'entrée comme à la sortie des ports, des marins
connaissant à fond la côte sont spécialement chargés du soin
de diriger les navires. On les appelle pilotes lamaneurs, pilotes
côtiers, ou encore locmans. Autrefois, il y avait en outre des
pilotes pour la haute mer. On les nommait pilotes hauturiers.
Dans tous les cas, c'est le capitaine qui commande ; libre à
lui de suivre ou de ne pas suivre — sous sa responsabilité
— les indications du pilote.

A défaut de pilote, le capitaine qui veut aborder, qui veut
faire escale dans un port a besoin de connaître la profondeur
de l'eau, l'heure de la marée, la position des bancs de sable
qui peuvent obstruer la rade, etc. Les riverains, de leur côté,
peuvent avoir un intérêt légitime à savoir quelle est la nationalité
du navire, dans quel dessein il se propose d'aborder, d'où il vient
et où il va. De là l'idée de signaux transmis de la côte au navire
au moyen d'un appareil spécial qu'on appelle le sémaphore.

Le sémaphore est tout simplement un grand mât portant une vergue en croix. Des cordes convenablement disposées permettent de faire monter et descendre le long de ce mât des pavillons de couleurs différentes, et des objets dont la forme, la position relatives correspondent à un chiffre. Un code inter-

national des signaux donne dans toutes les langues la signification de ce chiffre qui représente tantôt une question posée, tantôt la réponse à une précédente demande.

Le capitaine du navire interrogé répond au moyen de signaux qui apparaissent au grand mât.

Les sémaphores rappellent assez exactement le système imaginé par les frères Chappe pour la transmission rapide des dépêches, et qui consistait en longues perches disposées au-dessus d'une tourelle de manière à occuper à volonté diverses positions conventionnelles.

Les indications fournies aujourd'hui par les observatoires météorologiques établis sur toutes les côtes et dans l'intérieur de tous les pays civilisés sont également d'un précieux secours pour les navigateurs.

La prévision du temps, ou, du moins, la prétention d'annoncer par avance la pluie et le beau temps, remonte fort loin. A la condition de se contenir dans certaines limites, elle ne touche pas le moins du monde à la sorcellerie.

Aujourd'hui, les oscillations du baromètre et celles de la boussole, si sensible à toutes les variations de l'état électrique de l'air, sont les principaux guides de l'observateur. Le savant météorologiste allemand Dove, a, comme nous l'avons dit, formulé les lois des tempêtes. Aussi a-t-on relié les sémaphores établis dans les ports avec les différents observatoires de chaque pays — pour la France, avec l'Observatoire de Paris. Informés de la production d'une tempête sur un point quelconque du globe, les savants, connaissant la marche suivie par la bourrasque, en déduisent son arrivée probable pour tel ou tel jour sur les côtes de France. On a trouvé que ces prédictions se réalisaient environ 70 fois sur 100.

Pour les porter à la connaissance des marins, on se sert de signaux spéciaux que l'on expose sur les sémaphores déjà décrits plus haut.

Un pavillon jaune indique un temps douteux, pluie ou soleil, selon que le baromètre baissera ou haussera dans la journée. Un guidon rouge annonce une menace d'orage ; une flamme jaune et bleue fait prévoir que le temps se rassérène.

Le signal de tempête est un cylindre noir, en toile goudronnée, haut d'un mètre sur $0^m,80$ de diamètre. On le hisse au sommet du sémaphore, en pleine vue sur la rade. Mais trop souvent les chaloupes négligent cette indication. Accoutumés à braver les gros temps, les marins ne s'arrêtent pas au signal d'alarme. La pêche est bonne aux approches de l'orage. Et quand enfin ils se décident à revenir, il est trop tard. L'orage qui menace éclate en brusque ouragan. Furieusement secoués par les vagues, barques de pêche et grands navires peuvent toucher un écueil. Non seulement le bateau est perdu, mais l'équipage lui-même est en danger de mort.

De bonne heure on s'est préoccupé d'arracher à la perdition les marins tombés à l'eau ou naufragés. Les appareils imaginés à cet effet sont de plusieurs ordres, depuis la simple bouée jusqu'au bateau de sauvetage.

Les navires sont généralement munis d'une ou plusieurs bouées d'un genre particulier, dites bouées de sauvetage ; ce sont des cylindres ou des couronnes en liège auxquels pendent

des cordelettes à nœuds. Lorsque retentit à bord le cri d'a-
larme : « Un homme à la mer! » on lance aussitôt une de ces
bouées dans la direction où on l'a vu disparaître. L'homme
qui a eu la chance de pouvoir nager jusqu'à elle et de saisir
une des cordelettes attend, ainsi soutenu, que la chaloupe du
bord vienne le recueillir. Diverses compositions chimiques,
le phosphure de calcium entre autres, qui jouissent, comme
l'ancien feu grégeois et comme le feu récemment inventé par
M. Nicklès, de la propriété de s'enflammer au contact de l'eau,
rendent ces bouées visibles même pendant la nuit.

D'autres appareils de préservation individuelle ont été
inventés en grand nombre depuis la première tentative de
Lauquer, gentilhomme picard, en 1675 : ceintures de sauvetage,
corsets en plaques de liège, coussins en caoutchouc gonflés
d'air, etc.

Le premier essai d'une embarcation insubmersible eut lieu
en 1610 à Paris, dans le bassin des Tuileries. Renversée, elle
se redressa d'elle-même ; criblée de balles, elle se remplit
d'eau, mais ne coula point : « On ne sait que s'imaginer, écrivait le poète Malherbe à un de ses amis ; la commune opinion
est que cela se fait par magie ! »

Depuis cette époque, l'idée de construire un bateau qui,
troué par un récif, ne coule point, qui, secoué par la tempête,
ne chavire point, qui puisse être embarqué sur un navire pour
assurer, en cas de naufrage, le salut de l'équipage, ou, au
contraire, être envoyé de la côte au secours des naufragés —
cette idée a tenté les inventeurs de tous les pays : en Angleterre, Greathead (1790), Georges Palmer (1828), plus récemment Beeching ; aux États-Unis, Berdan, etc. En France, le
type le plus remarquable est celui qu'a imaginé M. Moué, du
Havre.

Mais, malgré tous les perfectionnements apportés aux bateaux de sauvetage, la tempête, trop souvent, est si furieuse,

SCÈNE DE SAUVETAGE

qu'ils ne peuvent tenir la mer. Si héroïquement obstinés que soient les marins qui les montent, les vents, les flots les rejettent à la côte.

Dans cette effroyable lutte, plus d'un périt, emporté par une lame, ou broyé contre un écueil. Les survivants redoublent d'énergie ; dix fois ils reviennent à la charge, dix fois l'océan tout entier, soulevé hors de ses abîmes, repousse les vaillants sauveteurs.

Alors, pour le navire en perdition, le seul espoir de salut, la suprême ressource, c'est d'établir, dans le fracas de l'ouragan, une communication du bord au rivage, ou réciproquement, au moyen d'un câble que lancent des instruments spéciaux, ou qu'à défaut porte lui-même, enroulé à son corps, un obscur héros, qui sauvera ainsi les naufragés — s'il n'est pas mort avant.

Les appareils les plus usités sont les fusées-grappins inventées par le capitaine Tremblay, les flèches porte-amarres Delvigne, qui peuvent être lancées par un fusil ordinaire, avantage précieux, le porte-amarre de M. d'Houdetot, qui lance une balle cylindro-conique de 15 centimètres de long jusqu'à 240 mètres, le canon porte-amarre du même inventeur qui lance encore plus loin un boulet de 10 livres, et enfin l'obusier Bernetti qui envoie une amarre à une distance de 700 mètres.

QUATRIÈME PARTIE
LES PRODUITS
ET INDUSTRIES DE LA MER

CHAPITRE PREMIER
LA PÊCHE SUR LA CÔTE

La plage à marée basse. — La petite pêche. — Congre. — Grondin. — Bar.
Mulet. — Raie. — Turbot. — Sole. — Plie. — Limande. — Carrelet.

Un des plaisirs favoris des baigneurs, c'est, à la marée basse, de s'avancer sur la grève en suivant le flot qui se retire. Après la ligne des galets, le sable fin et doux s'étend comme un tapis sous les pieds. Des ruisselets limpides gagnent la mer par mille imperceptibles canaux. Çà et là, des flaques d'eau luisantes. Le flot, en reculant, laisse à découvert des rochers revêtus de touffes foncées de varechs dont les petites vésicules crépitent sous le pied. Des balanes, des moules, des patelles, se maintiennent collées aux écueils, soit que l'animal ait fait le vide sous sa carapace (comme la patelle), soit qu'il se soit

20

attaché au moyen du byssus qu'il sécrète (comme la moule), soit même qu'il se soit creusé une demeure dans la pierre (comme les pholades). Des crabes, des bernards-l'ermite se poursuivent dans les flaques, en proie, quand s'approche le baigneur, à une terreur qui ne les empêche pas de s'entre-

dévorer l'un l'autre. Des pêcheurs, armés de forts leviers, retournent les pierres isolées d'où l'on voit s'élancer les congres ou anguilles de mer. D'autres bêchent le sable pour en retirer l'équille ou lançon. Les pêcheuses de crevettes promènent partout leurs filets à la poche traînante. Plus loin, sur la mer même, des chaloupes pêchent ou draguent l'huître, le homard, la langouste. La plage, surtout après les grandes marées, offre partout l'aspect d'une animation extraordinaire.

On a compté plus de trois cents espèces de poissons rien que sur les côtes de France. Un poète de la mer, Jean Riche-pin, a détaillé, dans une énumération pittoresque, ce que peut donner un seul coup de filet :

> «... Et ce turbot, marbré comme une agate obscure !
> Et ce merlan qui semble un poignard en mercure !
> Et la plie orangée, aux lunules de fiel !
> Et celle en disque blond, tel un gâteau de miel !
> Et le crapaud de mer, corps d'azur, tête plate
> Où rutilent deux yeux à prunelle écarlate !
> Et le hareng, vêtu d'éclairs phosphorescents !

... C'est la sole en ellipse,
Le chabot monstrueux, bête d'apocalypse ;
Le grondin, dont le chef carré fait un marteau ;
Le bar au gabarit modèle de bateau ;
Le homard qui cisaille et le crabe qui fauche ;
La limande, yeux à droite, et la barbue, à gauche ;
L'oursin en hérisson et le congre en serpent ;
La raie avec sa queue épineuse qui pend,
Et ses nageoires, dont les rythmiques détentes
A la large envergure ont l'air d'ailes battantes ;
D'autres, d'autres encor !... »

Tout le monde connaît le congre ou anguille de mer. La principale différence qui le sépare de l'anguille d'eau douce, c'est sa nageoire dorsale qui remonte presque jusqu'à la tête. On en a pêché qui avaient jusqu'à 3 et 4 mètres de longueur. Pas plus que pour l'anguille, on ne connaît son mode de reproduction. On ignore même si ces deux poissons, qui appartiennent à la même famille, que les naturalistes appellent famille des *malacoptérygiens apodes*, ne seraient pas une seule et même espèce. Ce qui est certain, c'est que les anguilles, chaque année, au moment du frai, émigrent dans la mer pour remonter au printemps le courant des rivières.

Le grondin est un petit poisson de 0^m,30 à 0^m,35 de long, et qui doit son nom au léger cri que — contrairement au proverbe « muet comme un poisson » — il pousse au sortir de l'eau. Sa couleur rouge vif lui a fait donner le nom de rouget.

Quoique les teintes du grondin soient moins riches que celles d'un poisson analogue appelé rouget, trigle ou mulle par les auteurs latins, et que les Romains de la décadence se faisaient apporter vivants sur leurs tables pour assister, comme à un spectacle, aux changements de couleur qui signalent son agonie — elles sont cependant assez belles pour que les peintres de nature morte aient souvent représenté le grondin à côté du maquereau dans leurs tableaux de marée.

Les bars et les mulets, vêtus d'une cuirasse d'écailles argentées, petites chez le bar et plus grandes chez le mulet, sont remarquables par l'élégance de leurs formes. Ils peuvent atteindre deux pieds de long. Les essais tentés en vue de leur acclimatation dans l'eau douce laissent espérer des résultats favorables.

Les poissons plats, appelés pleuronectes par les naturalistes, se distinguent au premier coup d'œil par leur conformation singulière. Parmi eux la raie se reconnaît aisément à sa queue très grêle, allongée comme un fouet, et armée d'aiguillons capables de blesser assez douloureusement le pêcheur maladroit ou imprudent. Plusieurs espèces peuvent atteindre jusqu'à 2 mètres de long. Aristote et Oppien ont décrit la *pastenague* de la Méditerranée, non sans attribuer, Oppien surtout, des propriétés extraordinaires à son aiguillon. Voici ce que Rondelet, célèbre naturaliste de la Renaissance, écrivait, en 1558, d'après le poème d'Oppien sur la pêche.

« La Pastenague est plus venimeuse que les flèches des Perses envenimées, laquelle (pastenague) garde son venin encor que le poisson soit mort, estant pernicieux non seulement aux bestes, mais aussi aux herbes et aux arbres, car ils sèchent et meurent, estant touchés d'icelui. Circé en donna à Télégone pour en user contre ses ennemis, toutefois il en tua son père sans y mal penser. Du venin de cet aiguillon, autant en disent Œlian et Pline. »

Il convient d'ajouter que les anciens avaient vite découvert des remèdes contre un venin aussi redoutable.

« Estant bruslé, et, mis en cendre, appliqué sur la plaie, avec vinaigre, est remède à son venin même, » continue Rondelet. « Le poisson, ouvert et appliqué sur la plaie, guesrit le mal qu'il a fait. Pline escrit que la presure du Lièvre, ou du Chevreau, ou de l'Agneau prise du poids d'un dragme proufite contre la piqueure de la Pastenague, et contre la piqueure et morsure de tous autres poissons marins. »

D'après M. Charles Robin, les raies devraient être comptées, à côté des torpilles, parmi les poissons électriques.

Le turbot est célèbre dans les fastes culinaires par une décision des graves patriciens de Rome. Un turbot d'une dimension extraordinaire ayant été offert à Domitien, le sanguinaire empereur convoqua le sénat pour en délibérer. La question était grave : Rome entière n'avait pas de plat assez grand pour faire cuire le poisson. On décida, non sans sagesse, de commander la confection d'urgence d'un plat spécial. Berchoux, gourmand et poète, a approfondi la question de la sauce :

> *Le Sénat discuta cette affaire importante,*
> *Et le turbot fut mis à la sauce piquante !*

écrit, sans hésiter, l'auteur de la *Gastronomie*, qui oublie cependant de nous dire si les juges furent admis à se rendre compte par eux-mêmes de l'excellence de leur décision.

La sole et la plie sont des poissons très voisins. Comme chez le turbot, la tête de ces poissons est en quelque sorte écrasée obliquement, de façon à présenter les deux yeux du même côté. La sole et la plie se distinguent aisément de la limande et du carrelet ou barbue, autres poissons plats, en ce que, chez les premiers, la ligne de la tête se confond avec celle de l'ovale du corps, tandis qu'elle en est distincte chez les deux autres. Ces poissons, quand la mer se retire, restent parfois enfoncés dans la vase humide pour attendre la marée suivante. Les pêcheurs, au courant de cette habitude, en tirent ingénieusement profit : ils tendent à marée basse, sur des pieux enfoncés profondément dans le sable, des filets verticaux disposés en arc de cercle dont les extrémités s'infléchissent vers la côte. Ils les laissent ensuite recouvrir par la haute mer. Lorsque le reflux arrive, les poissons revenant vers le large rencontrent ces filets, et un certain nombre, au lieu de les tourner, s'enfoncent simplement dans le sable au pied même de l'obstacle. Le pêcheur n'a plus qu'à emporter avec lui une bêche ou tout autre instrument et à l'enfoncer le long de son filet. Le poisson atteint se trahit lui-même par un sursaut qui le fait découvrir.

CHAPITRE II

LES MOLLUSQUES CULTIVÉS

De même qu'on a cherché à conserver et à améliorer dans des étangs ou des viviers différents poissons d'eau douce, de même on a dû tenter de bonne heure l'élevage des poissons de mer. Il ne paraît pas que ces dernières expériences aient aussi bien réussi que les premières. De nos jours, les Italiens sont parvenns à attirer et à retenir les anguilles dans les lagunes de Comachio, en communication avec la mer Adriatique. Sur différents points de nos côtes, des réservoirs fermés à l'aide de vannes servent à retenir les mulets, bars, soles, limandes, etc., qui peuvent y avoir pénétré avec la marée montante. Ce n'est cependant que pour les mollusques, huîtres et moules principalement, que la culture de nos plages est devenue une industrie régulière.

L'huître est un mollusque bivalve, c'est-à-dire à deux coquilles, appartenant à la catégorie des animaux sans tête ou acéphales. Elle n'a, par suite, aucun des organes des sens, et peut-être n'éprouve-t-elle que les impressions du tact et celles du goût. La larve de l'huître se meut au sortir de l'œuf; mais dès que sa métamorphose est accomplie, l'huître, devenue incapable de se déplacer, doit demeurer toute sa vie à l'endroit où elle s'est fixée. Le seul mouvement qu'elle puisse exécuter est celui d'ouvrir et de fermer ses valves. L'eau de mer pénétrant ainsi dans sa coquille lui apporte à la fois un élément nécessaire à sa respiration et les parcelles animales en suspension qui constituent la nourriture du mollusque. A défaut de tête, l'huître, en effet, possède un estomac.

L'huître est au nombre des mollusques les plus abondamment répandus. Presque toutes les mers en contiennent une ou plusieurs espèces, comestibles ou non. Collées aux rochers voisins des rivages, ou même agglutinées les unes aux autres, à une faible profondeur sous l'eau, elles forment, ainsi groupées, des amas, des bancs ayant parfois plusieurs kilomètres de longueur.

Bien que toutes les espèces connues (plus de soixante) soient maritimes, il est possible, d'après M. Beudant, d'acclimater l'huître graduellement dans les fleuves.

La renommée de l'huître auprès des gourmets est fort ancienne. Les Grecs, grands amateurs des huîtres de l'Hellespont, non contents de manger le mollusque, employaient ses coquilles en guise de bulletins de vote. Ils y coulaient de la cire et inscrivaient dessus, à l'aide d'un stylet, le nom du citoyen qu'ils voulaient bannir. L'exemple d'Aristide est présent à toutes les mémoires.

Les Romains classaient au premier rang les huîtres du lac Lucrin qu'ils mangeaient crues, cuites, ou même glacées.

De tous les aliments, l'huître est le plus digestible, mais le moins nutritif. On prétend que Vitellius en consommait à chaque repas cent douzaines ! Après cela, Brillat-Savarin s'étonnait de peu, quand un de ses amis, après 32 douzaines d'huîtres seulement — un peu plus de dix-huit livres de matière comestible — se mettait à manger comme s'il n'eût rien pris.

Les principales huîtres comestibles de France sont l'huître commune et le Pied-de-Cheval, sur les côtes de la Manche et de l'Atlantique ; l'huître rosacée et l'huître de Polacestion sur celles de la Méditerranée.

La Corse offre une variété particulière, l'huître lamelleuse.

Enfin on trouve au Brésil une curieuse espèce, dite huître des Mangliers, parce qu'elle se fixe aux racines des mangliers et des autres arbres qui croissent sur le bord du rivage et dont les racines trempent souvent dans la mer.

L'huître dite huître portugaise n'est pas une huître véritable, mais une gryphée, mollusque très voisin de l'huître et, comme elle, comestible.

L'huître dite huître perlière n'est pas davantage l'huître des naturalistes (*ostrea*), mais une avicule (*avicula*), ainsi nommée parce que ses valves ouvertes peuvent lui donner une vague ressemblance avec un oiseau (*avis*, oiseau, *aviculus*, petit oiseau).

Dans les pays les moins avancés, la pêche de l'huître comestible est pratiquée, comme celle de l'avicule perlière, par des plongeurs. En France, on a recours à la drague.

La drague est essentiellement formée par une espèce de rectangle en fer, très lourd, dont le côté inférieur vient racler le fond de la mer tandis que les corps détachés s'engouffrent dans un filet en cul-de-sac adapté à l'appareil. L'instrument

21

offre l'inconvénient de tout détruire sur son passage ; aussi, de plus en plus, a-t-on recours à ce qu'on appelle la culture artificielle de l'huître, ou ostréiculture.

L'invention des parcs à huîtres remonterait à un certain Sergius Orata, dont le coup d'essai pourrait passer à bon droit pour un coup de maître, puisque ses premiers produits ne furent autres que les célèbres huîtres du lac Lucrin. En France, ce n'est qu'en 1859 que la première tentative d'élevage artificiel des huîtres fut opérée sous la direction de M. Coste, professeur au collège de France. La baie de Saint-Brieuc (Côtes-du-Nord), choisie pour cet essai, reçut trois millions d'huîtres distribuées en dix bancs sur une superficie de mille hectares, et des dispositions furent prises pour que les jeunes larves (le naissain) trouvassent où se fixer dans la baie elle-même.

D'autres huîtrières modèles ont été établies depuis, notamment à Arcachon.

Les huîtres, d'ordinaire, avant d'être admises à l'honneur de paraître sur nos tables, subissent un stage préalable, une sorte de préparation sur le vif dans des *claires*, c'est-à-dire dans des bassins communiquant avec la mer qui tantôt y entre à toutes les marées, tantôt n'y pénètre qu'une ou deux fois par mois. Les plus célèbres de ces bassins sont ceux de Marennes dans lesquels, au bout d'un délai variable, le mollusque finit par acquérir une couleur verdâtre caractéristique en même temps qu'une saveur spéciale.

D'où provient cette modification de l'huître ? M. Gaillon l'attribue à un microbe spécial, le vibrion des huîtres (*vibrio ostrearius*), ainsi nommé parce que l'huître paraît s'en nourrir. Bory de Saint-Vincent y voyait un cas particulier des algues microscopiques vertes reconnues par Priestley. Il s'est trouvé un auteur, Valmont de Bomare, pour l'attribuer à l'influence de la verdure qui entoure les parcs! M. Coste paraît avoir donné l'explication la plus plausible en y voyant une maladie de l'animal, à peu près comme le blanc de certaines légumes, la chicorée, par exemple, est dû à une décoloration de la plante.

L'huître vit une dizaine d'années, quand elle a la chance de ne pas être mangée dès la troisième, époque où elle atteint la grosseur ordinaire des huîtres livrées à la consommation. Chaque année, une nouvelle couche lamelleuse s'ajoute à son écaille. On peut donc connaître l'âge d'une huître en comptant ces lamelles, de la même façon que, dans nos climats, l'âge des arbres des forêts se détermine d'après les couches successives de liber.

L'huître, comme la plupart des mollusques, est douée d'une fécondité prodigieuse. Elle pond par an jusqu'à deux millions d'œufs qu'elle couve pendant plusieurs semaines entre ses valves. Les larves qui en sortent sont de dimensions microscopiques. Leuwenhoeck, dans un calcul dont la responsabilité lui appartient, évalue à un million sept cent vingt-huit mille le nombre de ces larves nécessaires pour former une sphère de 2 centimètres et demi environ de diamètre.

Les moules, comme les huîtres, appartiennent au groupe des mollusques acéphales. Moins recherchées que les huîtres, elles n'en constituent pas moins une ressource précieuse pour les villages de pêcheurs. On les trouve sur toutes les plages. Plusieurs espèces voisines se rencontrent aussi dans les rivières et dans les étangs ; mais on ne mange pas les moules d'eau douce — peut-être parce qu'on en a jamais mangé.

Les premiers essais de culture sur nos plages remontent à 1235. C'est un Irlandais, Patrice Walton, qui, jeté par un naufrage à Esnaudes, petit bourg non loin de la Rochelle, dota sa patrie d'adoption du premier banc artificiel de moules.

Le point de départ de la découverte est une de ces remarques que les esprits superficiels ne manquent pas d'attribuer au hasard, hasard qui, il faut le dire, présente cette particularité de ne favoriser jamais que les observateurs réfléchis. Walton, ayant tendu des filets aux oiseaux de mer qui voltigeaient à la surface des vasières d'Esnaudes, remarqua que les pieux qui supportaient ces filets se recouvraient rapidement de moules. Il en déduisit la construction des *bouchots*. Ce sont tout simplement des rangées de pieux en forme de V, s'avançant plus ou moins dans la mer, que l'on plante à marée basse de telle sorte qu'ils soient recouverts par le flot montant. Au printemps, les jeunes moules s'accumulent autour des plus éloignés de ces pieux. A mesure qu'elles grossissent, on détache les plus grosses et on les transporte sur d'autres pieux pour éviter que, restant groupées par bancs trop resserrés, elles ne nuisent à leur développement réciproque. Les moules se fixent à ces appuis au moyen d'une sécrétion spéciale : le byssus.

Les bouchoteurs, pour pouvoir arriver à leurs bouchots fixés, dans nombre d'endroits, au-dessus de véritables lacs de boue liquide, se servent de l'*acon*, inventé par Walton. C'est une sorte de baquet ou mieux d'auge à fond plat, longue de 2 à 3 mètres, terminée en arrière par une planche verticale, en avant par une planche inclinée comme la proue d'une chaloupe. Le pêcheur qui veut s'en servir se place à l'arrière, s'appuie des deux mains sur les rebords, et, pour avancer, enfonce dans la vase une de ses jambes, revêtue d'une forte botte, qu'il laisse pendre au dehors de l'acon. La première impulsion une

fois imprimée, l'acon, moitié traîneau, moitié chaloupe, glisse
sur la vase avec la vitesse d'un cheval au trot.

Les moules cultivées sont plus grosses que les autres.

Les huîtres et les moules sont loin d'être les seuls mollusques comestibles. On mange également les peignes ou
coquilles de Saint-Jacques, les cardes ou coques, les clovisses,
les murex, les praires. On en recherche d'autres à des titres
divers. Les jambonneaux, par exemple, sécrètent un byssus doré aussi fin que la soie et dont, en Italie, on a pu tisser
des gants et des bas dont le seul défaut est de revenir à un prix
très élevé. Les tridacnes ont dû leur nom populaire de Bénitiers à l'emploi qu'on a fait de leurs coquilles géantes ; deux
des bénitiers de l'église Saint-Sulpice, à Paris, ne sont pas
autre chose que deux valves de tridacne, offertes primitivement à François Ier par la République de Venise. Les tarets, ce
dangereux vermisseau qui faillit, en rongeant les pilotis des
digues, causer la ruine de la Hollande, sont aussi des mollusques. Les plus beaux coquillages, les cônes flamboyants,
les rochers, le *cedo nulli*, la pourpre persique, employée par
les teinturiers, se rangent dans la même classe.

CHAPITRE III

LES CRUSTACÉS

Aspect des crustacés. — Homard et langouste. — Le « cardinal des mers ». — Crabes. — Crevettes. — Rôle des crustacés. — Les talitres.

Les crustacés se reconnaissent aisément à la cuirasse qui les revêt. Cette armure pierreuse est produite par une sécrétion de la peau. Elle tombe chaque année, à la *mue ;* puis la peau mise à nu, d'abord molle et sans résistance, durcit peu à peu jusqu'à reformer une carapace nouvelle. Les homards, les langoustes, les crabes, les crevettes, etc., sont des crustacés. Les yeux de ces animaux sont souvent, comme chez les insectes, situés à l'extrémité d'un pédoncule mobile qui permet à l'animal, immobilisé dans sa carapace, de tourner les yeux — puisqu'il ne peut tourner la tête. C'est le cas notamment des homards et du crabe.

Le homard se distingue aisément de la langouste par la dimension bien plus considérable de ses pinces. L'un et l'autre,

du reste, sont d'une couleur générale grisâtre. Un mot de Jules
Janin appelant le homard le « cardinal des mers » a donné au
célèbre critique une réputation légitime dans le monde des
zoologistes, mais n'a pas changé la couleur du crustacé, qui
n'est rouge qu'en sortant de l'eau bouillante où cuisiniers et
cuisinières ont l'insigne cruauté de le plonger tout vivant.

Les crabes abondent sur nos côtes. On mange les plus gros,
le crabe tourteau, le crabe maya ou crabe araignée par exemple.
Rien n'empêcherait de manger les autres. Ce sont des animaux
fort courageux et aussi fort rusés, s'il est vrai que leur ingé-

niosité aille, comme l'affirme Oppien, jusqu'à prendre dans
leurs pinces de petites pierres et à se poster, ainsi lestés, aux
aguets à côté des huîtres dans l'intention de profiter du moment où le mollusque écartera ses valves pour y jeter adroite-
ment le caillou. L'huître ne pouvant plus refermer sa coquille
serait alors dévorée par le crabe. Avouons qu'il aurait bien
gagné son déjeuner.

Une variété de crabes des régions tropicales, le Birgue,
aurait, d'après certains voyageurs, la faculté non seulement
de se rendre à terre et d'y demeurer, mais encore de monter
aux cocotiers pour en détacher les noix de coco qu'il trouve le
moyen d'ouvrir avec ses pinces et dont il fait sa nourriture
principale.

Les crevettes, ou chevrettes, ou salicoques, dont les deux variétés principales portent scientifiquement les noms de crangon et de palémon, sont de petits crustacés transparents dont la pêche est faite en général par des femmes, au moyen d'un filet à mailles très fines qu'on appelle à Granville bouqueton ou trubble.

Tous ces crustacés sont carnivores. Leur voracité semble croître à mesure que diminue leur taille. Une remarque plus importante que l'on a faite concerne leur avidité pour les matières animales en décomposition. Cette préférence, singulière au premier abord, révèle à l'observateur une de ces profondes harmonies naturelles qui frapperont toujours d'admiration le philosophe et le chercheur. Ces crustacés modestes remplissent tout simplement une mission de salubrité publique.

M. de Cherville a caractérisé admirablement ce grand rôle d'un des plus infimes de ces animalcules : le talitre.

« Les plages à peine ondulcuses de la basse Normandie, raconte le charmant écrivain, sont fort pauvres en révélations attachantes du monde mystérieux des eaux. Vous y chercherez vainement les mollusques, les actinies, les polypes, ces végétations animées dont la nature a assuré la conservation par de si merveilleux moyens et que vous rencontrez à chaque flaque d'eau laissée par la marée baissante sur les grèves de la Bretagne. J'y ai cependant rencontré dans le talitre un être intéressant, au moins par son fourmillement, qui traduit si bien cette image de l'infini vivant évoquée par Michelet.

« Vous n'aurez pas de peine à rencontrer le talitre. Poussez du pied un paquet d'algues humides, vous en verrez surgir un grouillement de crustacés, les uns blanchâtres comme de minuscules crevettes, les autres noirâtres, mais également microscopiques, qui s'écarteront en sautillant dans toutes les directions ; alors, si vous examinez le sable, vous vous apercevrez qu'il est troué comme un crible. Ces mangeurs d'algues dont vous venez de troubler le festin ce sont les talitres, et ces trous dont la multiplicité vous étonne sont l'œuvre des talitres. Trop de dédain envers ces chétifs du monde océanien ne serait pas de mise ; ne vous avisez pas de les regarder en roi de la création, car sans eux il est probable que votre royauté serait grandement compromise. Les talitres sont les assainisseurs par excellence, les agents voyers de la ligne de jonction de la terre et des mers ; ils ont mission de nous protéger contre des miasmes qui, nous concernant spécialement, rendraient les bords de l'océan à peu près inhabitables.

« L'Ecriture nous dit que cet océan a été créé d'un seul jet; cependant il ne nous paraît pas impossible qu'un si gros ouvrage ait subi quelques retouches. Le grand Ouvrier avait fait le flux, le reflux, mis le sel, soufflé la tempête, semé les innombrables tribus de crustacés qui allaient s'attaquer à l'épave végétale ou animale, les mollusques chargés de recueillir les invisibles corpuscules en suspension dans ces eaux ; ces précautions suffisaient à en assurer la pureté. Cependant le flot déchaîné, charriant sans relâche les masses végétales arrachées à l'exubérante production des abîmes, arrachant quelquefois le cadavre aux pinces et aux mandibules des préposés à la salubrité des profondeurs, ces détritus s'accumulaient sur les grèves, où leur corruption en eût rapidement empoisonné l'atmosphère. Pour avoir raison de ces amoncellements sans cesse renouvelés, il fallait donner la vie à chacun des grains de sable sur lesquels ils venaient échouer et charger ces nouvelles créatures de les faire presque instantanément disparaître. Ce fut la raison d'être des talitres.

« Leur taille est d'un moucheron ; leur œuvre est gigantesque. Laissez un monceau d'algues sur le rivage, en vingt-quatre heures il aura disparu. Un débris organique s'élimine plus rapidement encore. Ayant trouvé une énorme seiche au milieu des fucus, je la poussai sur une pente où les trous des

22

talitres étaient nombreux ; cinq minutes après, elle disparaissait sous une couche compacte de ces petits êtres, et le soir, en repassant, il ne restait de la seiche qu'un os parfaitement nettoyé. Tout ce qui a odeur d'eau salée est pour eux une proie ; un pêcheur qui aurait l'imprudence d'étendre ses filets sur le sable pour les sécher les retrouverait rongés par les talitres.

« Fidèles à leur consigne, ils ne quittent pas, au moins pendant l'été, la ligne des marées. Ils n'essayent pas, comme les crabes et les crevettes, de suivre la mer dans son mouvement de retraite ; ils ne la fuient pas quand elle revient. Cette existence tour à tour terrestre et aquatique les livre à deux sortes d'ennemis, les poissons et les oiseaux ; ils n'ont pas seulement à redouter les petits échassiers, les hirondelles elles-mêmes en sont friandes. Elles ne se contentent pas de happer les talitres en effleurant dans leur vol les paquets d'herbes humides où ils grouillent, bien souvent elles prennent pied sur la plage pour les cueillir plus à leur aise. Que seraient les multitudes de ces croque-morts sans ces causes permanentes de destruction ?

« Les sens dont ils sont armés paraissent d'une extrême délicatesse ; du reste, c'est dans ce monde de l'Océan que ces sens arrivent à une sensibilité absolument idéale. L'odorat tant vanté du chien, du vautour, ne saurait être comparé à celui d'un simple crabe. Vous pouvez mettre votre imagination à la torture, vous n'arriverez pas à comprendre la différence qui peut exister entre l'odeur d'une moule vivante et celle d'une autre moule entre les coquilles de laquelle vous venez, à l'instant même, de passer la lame d'un couteau. A marée basse, choisissez un bassin tapissé de ces mollusques, détachez-en un, ouvrez-le et déposez-le aussi doucement que vous voudrez au milieu des autres ; presque instantanément, de dessous les herbes, des anfractuosités de la roche, de dessous les pierres, vous verrez surgir de petits crabes verdâtres

qui tous, sans chercher, sans hésiter, sans se tromper, iront
tout droit à la curée qui leur arrive.

« L'œuvre de la résurrection par la destruction est commune
à la terre comme à la mer ; mais chez la première la transformation se couvre d'une ombre que notre œil ne saurait percer ;
la science devine plus qu'elle ne surprend les mystères de la
pourriture, le véritable laboratoire de toute vie terrestre. Chez
la seconde, ce ne sont plus des végétaux qui livrent à l'être
condamné le combat de l'effacement définitif, ce sont d'autres
êtres vivants, et le spectacle visible et tangible est autrement
saisissant. Tous y concourent avec un si merveilleux acharnement qu'on est bien forcé de reconnaître que la mort ne contribue pas moins que la reproduction à assurer l'immortalité
de la création. »

CHAPITRE IV

GRANDES PÊCHES CÔTIÈRES

Pêche de la sardine. — La rogue et la gueldre. — Conditions d'une bonne pêche. — La sardine dans l'antiquité. — Comment on mange la sardine. — Sardines à l'huile. — L'anchois. — Pêche de nuit. — Comment on mange l'anchois. — L'anchois *bœlassa*.

Les grandes pêches, sur nos côtes, comprennent principalement la pêche de la sardine, celles de l'anchois, du hareng, du maquereau et du thon.

La pêche de la sardine a lieu sur toutes les côtes, mais surtout sur celles de l'Océan. La Bretagne y envoie chaque année plus d'un millier d'embarcations, munies chacune de plusieurs filets.

La sardine se présente par bandes plus ou moins nombreuses, composées de poissons à peu près tous de même taille, d'où certains auteurs ont induit que ces bancs ne comprenaient que des individus provenant d'une même frayée. La longueur du poisson, en général de 12 à 18 centimètres, peut, exceptionnellement, atteindre 25 centimètres. Dans la mer, ses écailles ont, sur le dos, des reflets verts et bleus, et forment au poisson comme une cuirasse maillée d'argent sur les côtés.

Les apparitions de la sardine offrent des irrégularités assez grandes. On a essayé de les rattacher à des déviations survenues dans le cours du Gulf-Stream, ce vaste fleuve d'eau chaude qui baigne les côtes de Bretagne, et dont la sardine aimerait à suivre le cours.

La sardine se pêche avec de grands filets, longs de 20 à 30 mètres, lestés de plomb par en bas, garnis de liège par en haut pour pouvoir se soutenir sur l'eau, debout comme des murs mobiles. Les pêcheurs en ont toujours un assortiment aux mailles plus ou moins fines, en prévision de la rencontre de bandes de poissons plus ou moins gros.

La présence des sardines est signalée au loin aux pêcheurs, soit par celle des gros poissons qui en font leur proie, soit par les évolutions des oiseaux de mer, goélands, fous, mouettes, qui s'en nourrissent. La multitude des poissons est parfois telle qu'on en *sent* la présence !

« Il arrive, écrit M. Cailla, que, sans que l'on aperçoive le poisson, sa présence est signalée par un phénomène particulier que les pêcheurs connaissent sous le nom de *lardin* (du mot lard) ou *grasseur* (du mot gras). La mer a alors quelque chose d'épais, de gras, d'huileux, et l'on a remarqué que, pour attirer dans ce cas la sardine, il convient de se placer sur les flancs du lardin dont on la fait sortir par l'appât de la rogue. Sous le vent du lardin, on sent une odeur fade et douceâtre ; la même chose a été observée pour le hareng. »

Les appâts dont on se sert pour *faire lever* — c'est le terme consacré — la sardine sont la *rogue*, composée d'intestins de morue salés et corrompus, et la *gueldre*, formée d'un mélange de fretin de poissons et de crevettes pilés ensemble. Le tout répand une odeur des plus nauséabondes qui convient, paraît-il, admirablement à la sardine, car les autres appâts essayés, les capelans, notamment, que l'on prend sur les bancs de Terre-Neuve, la purée de sauterelles elle-même, si appréciée de nos bons amis les Chinois, ne parviennent pas à tenter ce poisson difficile.

La réussite de la pêche dépend d'ailleurs de diverses conditions. L'auteur que nous venons de citer les énumère ainsi :

« Les circonstances atmosphériques, l'électricité, paraissent avoir une grande action sur la sardine. Presque toujours, à la veille d'une tempête, d'un violent orage, le poisson semble inquiet ; il remonte facilement à la surface de l'eau, il est avide, affamé et se jette quelquefois en masse sur les filets. Généralement, lorsque l'orage a éclaté, il s'enfonce et on le fait lever difficilement. Dans certains jours, l'appât fait monter la sardine, mais elle ne paraît pas friande, elle circule autour du

filet sans chercher à le traverser pour saisir la nourriture qu'on lui présente. Du reste, rien n'est absolu dans les habitudes du poisson, et les observations donnent quelquefois des résultats différents selon les points de la côte où elles ont été faites ; ainsi, dans la baie du Croisic, les vents du Nord-Est à l'Est-Sud-Est sont considérés comme les meilleurs pour déterminer des pêches abondantes, tandis qu'à Belle-Isle et à Douarnenez, on regarde comme beaucoup plus favorables ceux qui viennent de l'Ouest au Sud-Sud-Ouest. Quelquefois les bancs se tiennent à une grande profondeur ; dans d'autres circonstances, ils filent en agitant la surface de l'eau, la faisant *rubler*, suivant l'expres-

PÊCHE DE NUIT

sion populaire, en traçant dans la nuit un vaste sillon de phosphore. »

La sardine *s'emmaille* dans les filets, c'est-à-dire qu'en se précipitant pour avaler l'appât, elle engage sa tête dans les mailles et ne peut plus dès lors, si la largeur des mailles a été bien calculée, ni avancer parce que le corps du poisson est plus gros que sa tête, ni reculer parce que ses ouïes se prennent dans les fils. On reconnaît que le filet est chargé à l'affaissement des flotteurs dont il est garni. Les matelots le halent alors à bord et jettent les sardines dans la soute du bateau. La sardine, aussitôt hors de l'eau, meurt en poussant un petit cri qu'on a comparé à celui d'une souris.

Une seule barque peut prendre en un seul jour huit à dix mille sardines. Les pêcheries étaient plus abondantes autrefois ; il n'était pas rare qu'une chaloupe en capturât vingt-cinq à trente mille, et même au delà.

La sardine était appréciée des anciens. Elle eut l'honneur de figurer sur la table du festin offert aux noces d'Hébé, déesse de la Jeunesse. D'après Pline, la sardine guérissait de la morsure du serpent *Prester*, laquelle causait une soif inextinguible.

Actuellement la sardine se mange fraîche, salée ou à l'huile. Au xviiie siècle, on la fumait comme le hareng.

La préparation de la sardine dans l'huile a remplacé, dans beaucoup d'endroits, les ateliers établis pour la salaison du poisson. Il en a été ainsi à la Rochelle, au Croisic, aux Sables-d'Olonne. On sale encore la sardine à Douarnenez, à Concarneau, à Groix ; mais la fabrication des conserves à l'huile est de beaucoup l'industrie la plus importante. Elle est relativement récente, puisqu'elle ne date que de 1825.

Voici, sommairement, comment se fait cette préparation.

Une fois étêtées, c'est-à-dire une fois qu'on leur a enlevé la tête et les intestins, les sardines sont lavées soigneusement et séchées, pendant qu'on met à bouillir de l'huile d'olive dans de vastes chaudières. On plonge quelques minutes les sardines dans l'huile bouillante, on les retire, on les égoutte, on les sèche, et on en garnit des boîtes en fer-blanc qu'on achève de remplir avec de l'huile. Ces boîtes, soudées hermétiquement, sont ensuite plongées elles-mêmes dans l'eau bouillante. Toutes ces opérations une fois terminées, les sardines sont expédiées sur tous les points du monde où elles ont chance d'être appréciées comme entremets, ou même comme plat de résistance pour les petites bourses.

Les résidus de la fabrication sont vendus comme engrais.

Différents petits poissons, la sardinale auriculée, la melette phalérique dans la Méditerranée, le sprat ou haranguet dans la Manche, se rapprochent beaucoup de la sardine. Comme ils sont de qualité inférieure, le commerce les vend volontiers comme sardines.

L'anchois, comme la sardine, apparaît au printemps sur nos côtes. On le prend de nuit, à l'aide de filets, en l'attirant au moyen de grands feux allumés sur les bateaux pêcheurs. La lumière fait lever les anchois qui se pressent par bancs serrés autour des barques illuminées. D'autres chaloupes, restées dans l'ombre, profitent de ce moment pour mettre les filets à la mer de façon à cerner les premières. Les filets tendus, on éteint brusquement les falots, et on épouvante le poisson en battant l'eau avec les rames. Les anchois s'enfuient de tous côtés, et s'emmaillent dans les filets.

Le caractère qui permet le plus aisément de distinguer l'anchois de la sardine, c'est la bouche de l'anchois, fendue jusque derrière les yeux.

L'anchois se vend en grandes quantités, salé ou confit dans l'huile. Le mets appelé *nonnats*, dans le Midi, se compose de fretins d'anchois ou de sardines apprêtés au lait ou dans la friture.

Il y aurait dans les mers de l'Inde, d'après Dussumier, une variété d'anchois, l'*anchois bœlassa*, dont la chair constituerait pour l'homme un véritable poison, souvent mortel. Cette variété d'anchois répondrait au signalement suivant : flancs et ventre argentés, dos gris bleuâtre, une tache couleur brique derrière la tête.

CHAPITRE V

Le saumon. — Reproduction artificielle du saumon. — L'esturgeon. — Le caviar. — Le hareng. — Les légendes du hareng. — La Journée des Harengs. — Migration des harengs. — Le roi des Harengs. — La pêche des harengs. — Comment on mange le hareng. — Le maquereau. — Hivernage des maquereaux. — Courage et voracité des maquereaux. — Pêche du maquereau. — Le *Garum*.

Le saumon est alternativement poisson de mer et poisson d'eau douce. Pendant l'hiver, il reste dans l'Océan. C'est un poisson des mers boréales, et qui ne descend guère plus bas que le 43° degré de latitude. En revanche, il abonde sur les côtes de Norvège, d'Islande, d'Ecosse. Il semble que cette abondance de poisson soit, pour les habitants de ces contrées déshéritées, une sorte de compensation à la privation des céréales dont la culture leur est interdite de par la rigueur du climat.

Au printemps, les saumons remontent les fleuves pour frayer, franchissent cataractes et barrages sur leur route en débandant comme un ressort les muscles de leur corps vigoureusement arc-bouté sur les pierres. Poursuivis, chassés, décimés dans l'eau douce, ils regagnent la mer après la ponte et y réparent rapidement leurs forces.

On peut voir à Paris, à l'aquarium du Trocadéro, les procédés tentés pour obtenir la reproduction artificielle du saumon. La première idée en appartient à Jacobi (xviii° siècle). De nos jours, M. Coste a pu obtenir des résultats satisfaisants.

L'esturgeon vit tour à tour, comme le saumon, dans l'eau

douce et dans l'eau salée. A la différence du saumon, on le trouve et dans l'Océan, et aussi dans la Méditerranée. Une espèce, le grand esturgeon, est spéciale à la mer Noire et à la mer Caspienne. Des individus de cette espèce ont atteint 8, 9 et même 10 mètres de longueur.

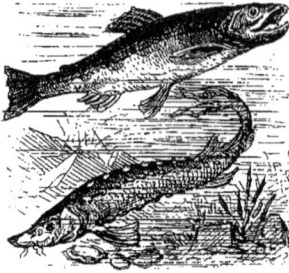

L'esturgeon est l'objet de pêches d'une grande importance, mais ces pêches, comme pour le saumon, n'ont guère lieu que dans les rivières où ce poisson s'avance au printemps pour déposer ses œufs.

La chair de l'esturgeon offre cette particularité singulière d'avoir, certaines parties du moins, un goût prononcé de viande animale. La chair du ventre a goût de porc ; celle du dos rappelle la viande de veau.

Le caviar, un des mets nationaux de la cuisine russe, a pour ingrédient principal des œufs d'esturgeon.

Avec la vessie natatoire du poisson, on fabrique une colle très estimée. Enfin, sa peau même remplace, pratiquement sinon avantageusement, les carreaux manquant aux fenêtres des misérables chaumières du pays.

La pêche du hareng est par excellence le type de la grande pêche. Le célèbre naturaliste Lacépède n'hésite pas à voir dans le hareng ce qu'il nomme, un peu emphatiquement, « une de ces productions naturelles qui décident de la destinée des empires ». Un proverbe en cours dans les Pays-Bas exprime une idée analogue sous cette forme pittoresque : « Amsterdam est fondée sur des têtes de hareng. »

Un pareil poisson méritait sa légende. On lui en a imaginé plusieurs.

Le 28 novembre 1587, à Copenhague, des pêcheurs présentent au roi Frédéric II deux harengs capturés sur les côtes : chacun de ces poissons portait, « imprimés jusqu'à l'arête, » des caractères gothiques !

Grand émoi à la cour. Les savants examinent et, ce qui est plus fort, traduisent l'inscription : « A l'avenir, vous ne pêche-

rez pas autant de harengs que les autres peuples ! » — Malgré cet augure, Frédéric II ne fut pas pleinement rassuré. Des harengs porteurs d'autographes du destin ne pouvaient qu'annoncer la mort d'un grand roi — Frédéric II, par exemple — ou celle de la reine. L'avis d'autres savants, non moins doctes que les premiers, ne parvint pas à dissiper ses craintes. Quand Frédéric mourut, en 1588, les harengs l'avaient bien prédit.

Il y a, dans notre histoire militaire, une Journée des Harengs — celle-là sérieuse. C'est un épisode du siège d'Orléans par les Anglais, en 1249. Le duc de Bourbon se fit battre en voulant enlever aux assiégeants un convoi de ces poissons.

Le hareng est un poisson du Nord, il ne descend pas jusque

dans la Méditerranée. Ses émigrations s'opèrent par bandes innombrables, phosphorescentes dans l'obscurité au point que les pêcheurs ont un mot spécial pour désigner les traînées lumineuses qui révèlent leur passage dans l'océan : c'est l'*éclair* du hareng.

On a longtemps décrit avec assurance les pérégrinations du hareng dans les mers. Les bancs de ces poissons partiraient des mers boréales sous la conduite d'individus désignés par leur beauté et leur force pour être les rois de ces bandes. De là, les unes gagneraient les îles Shetland et les côtes d'Ecosse, se répandraient sur tout le littoral norvégien, visiteraient la mer du Nord, la Baltique, la Manche ; les autres se disperseraient sur les côtes d'Amérique. Les deux grandes colonnes se rejoindraient enfin en un lieu de rendez-vous général, d'ailleurs inconnu. Le but de ces migrations serait de trouver pour frayer des mers à température plus douce que les parages glacés du nord.

On admet généralement aujourd'hui que les prétendues migrations du hareng se réduisent à de simples changements d'altitude de ce poisson dans les eaux où il vit. Tantôt le hareng reste au fond des mers qu'il occupe, tantôt il monte à la surface et se rapproche des côtes environnantes. En effet, contrairement aux opinions anciennes, les harengs apparaissent à peu près simultanément dans les pêcheries du Sud et dans celles des contrées septentrionales. De plus, il y a ce qu'on a appelé des races locales de ce poisson, hareng d'Amérique et hareng d'Europe, hareng de Norvège, d'Écosse, de Hollande. Dans certaines mers, enfin, par exemple à proximité de l'Islande, on pêche des harengs en toute saison, et non pas seulement aux époques de ses prétendues migrations.

Quant au roi des harengs, que les pêcheurs jadis rejetaient à la mer quand ils le trouvaient emmaillé dans leurs filets afin que ce roi singulier leur ramenât l'année suivante des bandes de ses sujets fort bons pour la saumure, — il paraît établi que c'est tout simplement un poisson plus fort que le hareng et qui l'accompagne dans le dessein légitime d'en faire son menu ordinaire. Rien n'empêche, sous le bénéfice de cette observation, de lui conserver son titre honorifique. Il est roi des harengs par la même raison que le lion est roi des animaux : il les mange.

Hollandais, Norvégiens, Écossais, Anglais, Français, Américains s'adonnent à la pêche du hareng. Tantôt le poisson se prend, comme la sardine, à l'aide de filets lestés par le bas et soutenus en haut par des flotteurs que l'on jette en pleine mer, tantôt on le capture au moyen de seines, c'est-à-dire avec des filets longs de 200 à 300 mètres, dont on ramène à la fois les deux extrémités vers la côte. Tout le poisson qui se trouve dans l'arc de cercle formé par les mailles centrales de la seine est ainsi rejeté sur la plage. Dans un fjord de Norvège, on raconte que des pêcheurs auraient, en une seule nuit, pris par ce procédé pour 150.000 francs de harengs. Ces pêches miraculeuses se font de plus en plus rares, bien que les hordes des harengs soient encore parfois assez nombreuses pour que les sauts, à la surface de la mer, des milliers d'individus qui les composent produisent, au rapport des pêcheurs, le bruit crépitant d'une grosse pluie d'orage.

Boulogne est, en France, le port où la pêche du hareng est le plus activement pratiquée.

On attribue généralement à un pêcheur de Biervliet (Flandre), Guillaume Bukeldins, Bewkalz ou Buckaly, l'invention de l'art de saler le hareng, vers 1430 ou 1440. Cependant, en France, des ordonnances du règne de Louis IX, antérieures par conséquent de deux siècles au pêcheur flamand, réglementent déjà la vente des harengs frais, secs ou salés.

Il n'est pas contestable, en tout cas, que la découverte du

procédé pour fumer le hareng soit due à des marins de Dieppe. Des règlements royaux de 1350 et de 1380 visent le hareng saur, c'est-à-dire le hareng fumé.

Le maquereau, comme forme et comme coloration, est un des plus beaux de nos poissons.

Voici comment il a été dépeint par Jean Richepin :

> « ... *Le ventre est d'argent clair et de nacre opaline,*
> *Et le dos en saphir rayé de tourmaline*
> *Se glace d'émeraude et de rubis changeant.*
> *Au moment de la mort, sur la nacre, l'argent,*
> *Le saphir, le rubis, l'émeraude, une teinte*
> *De rose et de lilas s'allume...* »

Comme les harengs, les maquereaux apparaissent à des époques régulières. Ils passent l'hiver réunis en bandes de plusieurs milliers dans les mers boréales, la tête enfouie dans la vase. « On trouve, écrit Lacépède, les poissons hérissant, pour ainsi dire, de leurs queues redressées le fond de ces bassins (du Groënland), au point que les marins, les apercevant pour la première fois auprès de la côte, ont craint d'approcher du rivage dans leur chaloupe de peur de la briser contre une sorte particulière de barre ou d'écueil... »

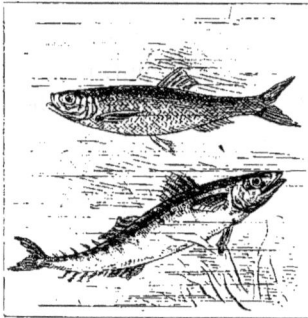

Une fois tirés de leur engourdissement, les maquereaux, comme le hareng et sans effectuer plus que lui de migrations au sens propre de ce mot, se rapprochent des côtes et se montrent à la surface des mers. Le maquereau descend plus au sud que le hareng.

Très voraces et doués d'un courage proportionné à leur

PÊCHE AUX HARENGS

24

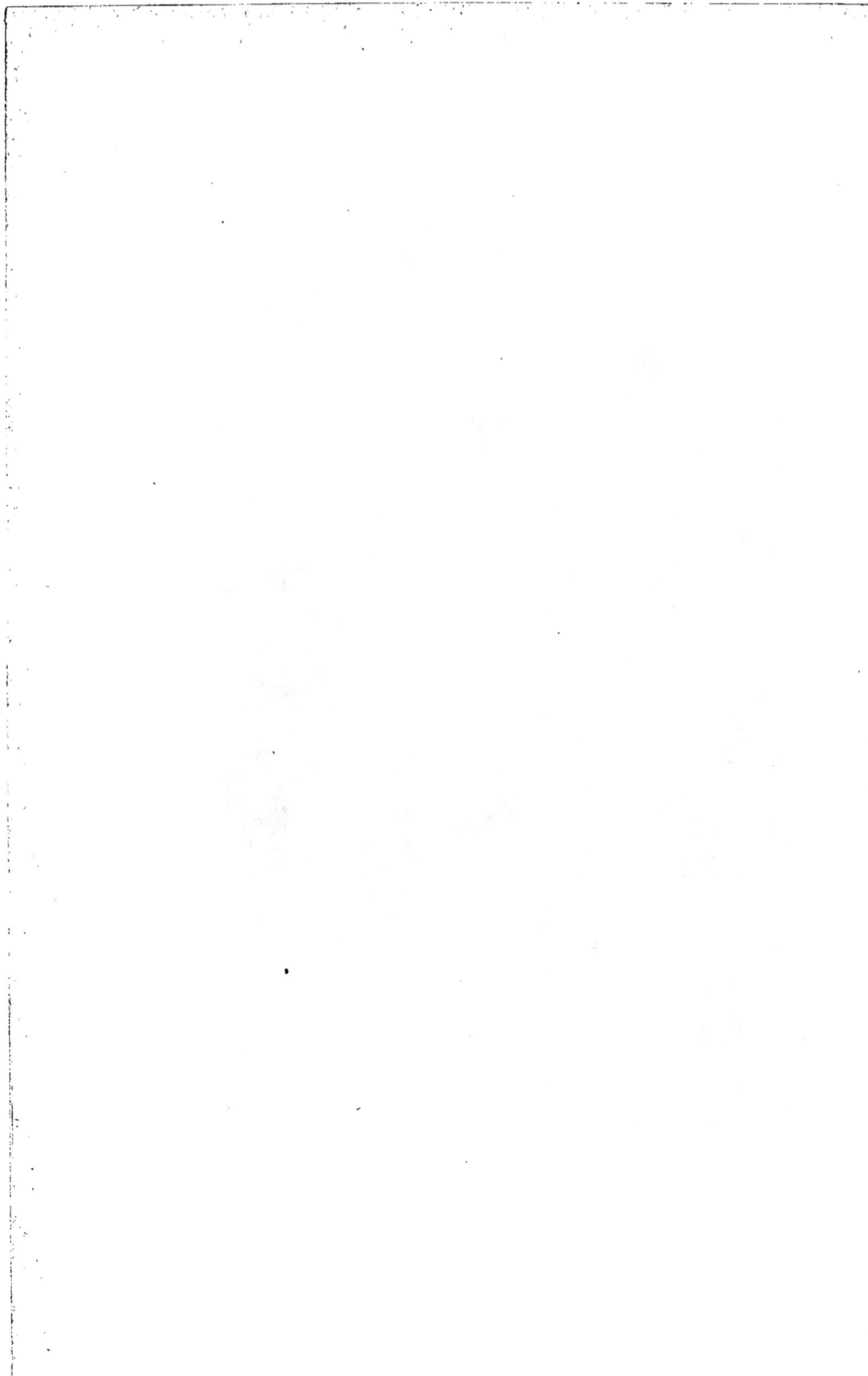

formidable appétit, les colonnes de maquereaux n'auraient pas craint, paraît-il, de s'attaquer parfois à des baigneurs. Pontoppidan, auteur assez peu difficile, il est vrai, sur ses preuves, rapporte qu'un matelot, dans les mers de Norvège, aurait été ainsi enlevé et dévoré sous les yeux de ses camarades par des légions de maquereaux. D'autres déclarent en avoir trouvé dans l'intérieur de charognes flottant à moitié décomposées sur les eaux. Il est certain, en tout cas, qu'ils n'hésitent pas à poursuivre par hordes, à l'occasion, des poissons d'une taille bien supérieure à la leur.

La pêche du maquereau se pratique soit à la ligne traînante, soit au filet, et de préférence la nuit.

Les Romains faisaient entrer des intestins de maquereaux dans la préparation d'une sauce fameuse, le *garum*. D'après Cuvier, le garum le plus estimé se préparait à Carthagène. « C'était, après les parfums, la plus chère de toutes les liqueurs ; on en payait deux conges (six litres) mille sesterces (près de 180 francs). »

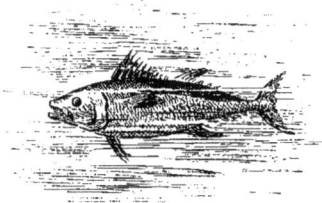

CHAPITRE VI

LES GRANDES PÊCHES CÔTIÈRES (SUITE)

Le thon. — La pêche du thon. — Pêche à la thonnaire. — Pêche à la madrague. — — La chambre de mort. — Comment on mange le thon. — Importance de cette pêche.

Le thon, très voisin du maquereau, peut atteindre jusqu'à 2 et 3 mètres de longueur pour un poids de plus de 100 kilogrammes. Il nage par bandes rangées en triangle, à la façon de certains oiseaux voyageurs, les grues par exemple. De toute antiquité, on le pêche dans la Méditerranée et les mers qui la prolongent. Byzance, la capitale du Bas-Empire romain, enrichie par ses pêcheries, gravait un thon sur ses médailles. Aujourd'hui, c'est principalement sur les côtes de Provence et sur celles de l'Italie méridionale que s'opère en grand la capture du thon.

La pêche du thon est la plus importante qui s'effectue sur nos côtes. Elle se fait en grand, soit à la thonnaire, soit à la madrague. La pêche à la courantille, moins curieuse, se fait au moyen d'un filet que l'on laisse emporter par les courants — d'où le nom courantille — et dans les mailles duquel les thons viennent s'embarrasser.

Voici comment Lacépède, dans son *Histoire naturelle des poissons*, décrit la pêche à la thonnaire :

» On donne le nom de *thonnaire* ou *tonnaire* à une enceinte de filets que l'on forme promptement dans la mer pour arrêter les thons au moment de leur passage. On a eu pendant longtemps recours à ce genre d'industrie auprès de Collioures, où on la pratiquait et où peut-être on la pratique encore chaque année depuis le mois de mars jusqu'à celui d'octobre.

« Pour favoriser la prise des thons, les habitants de Collioures entretenaient, pendant la belle saison, deux hommes expérimentés qui, du haut de deux promontoires, observaient de loin ces poissons qui s'avançaient par bandes de deux ou trois mille ; ils en avertissaient les pêcheurs en déployant un pavillon par le moyen duquel ils indiquaient l'endroit où ces animaux allaient aborder.

« ... Quand tous les bateaux étaient arrivés à l'endroit où les thons étaient réunis, on jetait à l'eau des pièces de filets lestées et flottées, et on en formait une enceinte demi-circulaire dont la concavité était tournée vers le rivage et dont l'intérieur était appelé *jardin*. Les thons renfermés dans ce jardin s'agitaient entre la rive et les filets et étaient si effrayés par la vue des barrières qui les avaient subitement environnés qu'ils osaient à peine s'en approcher à la distance de 6 ou 7 mètres.

« Cependant, à mesure que ces scombres s'avançaient vers la plage, on resserrait l'enceinte, ou plutôt on en formait une intérieure et concentrique à la première avec des filets qu'on avait tenus en réserve, en laissant une ouverture à cette seconde enceinte, jusqu'à ce que les thons eussent passé dans l'espace qu'elle embrassait ; et en continuant de diminuer ainsi, par des clôtures successives et toujours d'un plus petit diamètre, l'étendue dans laquelle les poissons étaient renfermés, on parvenait à les retenir sur un fond recouvert uniquement par quatre brasses d'eau ; alors on jetait dans ce parc maritime un grand *boulier*, espèce de seine dont le milieu est garni d'une manche. Les thons, après avoir tourné autour de ce filet dont les ailes sont courbes, s'enfonçaient dans la poche ou la manche.

« On amenait à force de bras le boulier sur le rivage ; on prenait les petits poissons avec la main, les gros avec des crochets, on les chargeait sur les bateaux pêcheurs et on les transportait au port de Collioures.

« Une seule pêche produisait quelquefois plus de quinze mille myriagrammes de thons ; et pendant un printemps, dont on a gardé avec soin le souvenir, on prit, dans une seule journée, seize mille thons dont chacun pesait 10 ou 15 kilogrammes. »

La pêche à la madrague est encore plus célèbre. Le peintre Horace Vernet l'a représentée dans un tableau connu. C'est, pour la Provence, la Sicile, l'Italie, une véritable fête. Des curieux s'y rendent de très loin

Lacépède a décrit la madrague comme il avait décrit la thonnaire. L'appareil n'a pas varié depuis.

« On donne le nom de *madrague* à un grand parc qui reste construit dans la mer, au lieu d'être établi pour chaque pêche, comme les *thonnaires*. Ce parc forme une vaste enceinte distribuée en plusieurs chambres... ; les cloisons qui forment ces chambres sont soutenues par des flottes de liège, étendues par un lest de pierre, et maintenues par des cordes, dont une extrémité est attachée à la tête du filet et l'autre amarrée à une ancre.

« Comme les madragues sont destinées à arrêter les grandes troupes de thons au moment où elles abandonnent les rivages pour voguer en pleine mer, on établit entre la rive et la grande enceinte une de ces longues allées appelées *chasses*: les thons suivent cette allée, arrivent à la madrague, passent de chambre en chambre, parcourent quelquefois, de compartiment en compartiment, une longueur de plus de mille brasses, et parviennent enfin à la dernière chambre, que l'on nomme *chambre de mort* ou *corpou...* »

Une fois dans la chambre de mort, le poisson est pris.

M. de Quatrefages a dépeint d'une façon très pittoresque la scène qui se déroule alors :

« Cinq cent cinquante thons, poussés de chambre en chambre par des portes qui se refermaient derrière eux, sont arrivés dans la dernière, dans la *chambre de mort*. Celle-ci possède un plancher mobile, formé par un filet que des cordages permettent de ramener du fond à la surface. Toute la nuit, on a travaillé à l'élever peu à peu, et maintenant chacun de ses bords repose sur un des côtés du carré formé par les barques.

« A droite et à gauche, les deux barques principales portent l'armée des pêcheurs. Ces barques, entièrement vides et découvertes, attendent leur chargement. Seulement une longue poutre, allant d'une extrémité à l'autre, laisse entre elle et le bord une sorte de couloir étroit, où se pressent deux cents marins accourus de vingt lieues à la ronde. Demi-nus, montrant leurs membres athlétiques couleur de cuivre rouge, ces hommes attendent, en frémissant d'impatience, le moment d'agir. Leurs yeux brillent sous leurs bonnets phrygiens de couleur brune ou écarlate ; leurs mains agitent les instruments de mort, larges crochets aigus et tranchants, tantôt adaptés à de longues perches, tantôt placés au bout d'un manche court, massif, et muni de profondes entailles pour donner plus de prise à la main.

« Au milieu de l'enceinte, une petite yole toute noire, manœuvrée par deux rameurs, porte le chef de pêche. C'est lui qui commande la manœuvre, qui stimule les travailleurs et transporte les hommes d'un côté à l'autre, là où il est besoin de renfort.

« Cependant les cabestans placés aux extrémités du filet n'ont pas cessé de tourner, et le plancher mobile du *corpou* s'élève d'autant. De plus en plus refoulés vers le haut, les thons commencent à se montrer. Grâce à la transparence de l'eau, on les voit parcourir en tous sens, avec une irrégularité inquiète, la vaste poche qui les enserre. Déjà quelques-uns rasent la surface et s'élancent en bondissant. Malheur à ceux qui viennent à portée des barques ! Des mains de fer s'allongent aussitôt et enfoncent dans leurs flancs des griffes acérées.

« D'ordinaire, les blessés échappent à ces premières attaques. Pleins de vie et de force, jouissant de toute la liberté de leurs mouvements, dans ce bassin encore assez étendu, ils s'arrachent aux mains de leurs ennemis, laissant seulement au fer des crampons quelques lambeaux ensanglantés ; mais aux cris cadencés des matelots les cabestans tournent toujours, et le filet impitoyable monte de plus en plus. La yole du chef de pêche chasse les thons vers les bords. Les blessures se multiplient. Déjà quelque poisson, plus profondément atteint, a ralenti sa course, et de temps à autre montre son large ventre argenté que raye un ruisseau de sang noirâtre. A chaque nouveau coup qu'il reçoit sa résistance diminue. Bientôt il s'arrête un instant, et cet instant suffit : dix crampons s'enfoncent à la fois dans ses chairs, vingt bras se roidissent et le soulèvent au-dessus de l'eau. En vain la peau se déchire ; le crampon qui vient de lâcher prise s'élève, retombe, s'enfonce de nouveau, et bientôt le malheureux animal est hissé sur le bord. Aussitôt deux hommes le saisissent par ses grandes nageoires pectorales, le font glisser sur la poutre placée derrière eux, et le lancent dans la cale.

« Mais le filet mobile monte sans cesse, et le troupeau des thons se découvre en entier. Pressés les uns contre les autres, on voit ces monstrueux poissons s'élancer avec désespoir contre les parois flexibles du corpou, montrer leur dos noir moucheté de larges taches jaunes, ou fendre la surface de l'eau avec leur grande nageoire en croissant. Au milieu d'eux bondissent quelques espadons au long nez terminé en lame d'épée. Enivrés par le spectacle de la proie qui s'offre à leurs coups, les marins frappent plus vite et plus fort. La pêche devient alors une vraie boucherie. Dans cette foule serrée, on ne distingue plus les individus.

« Ce ne sont que têtes violemment agitées, que bras rougis qui s'élèvent et s'abaissent, que harpons qui se croisent et se heurtent. Tous les yeux étincellent, toutes les bouches poussent des cris de triomphe, des clameurs d'encouragement. Les eaux du corpou se teignent de sang. A chaque instant de nouveaux thons tombent dans les cales ; les morts, les mourants s'amoncellent, et les barques, bientôt insuffisantes, s'enfoncent sous leurs charges demi-vivantes.

« Après deux heures de carnage, l'épuisement commence à se faire sentir ; les thons deviennent rares, et leurs ennemis auraient trop à attendre. Aussitôt une barque se détache, s'écarte de chaque côté de l'enceinte, et les deux principales se trouvent plus rapprochées de moitié. Les cabestans se remettent à jouer, et les pêcheurs impatients leur viennent en aide. Les mains s'enfoncent dans les mailles, les crochets aident les mains. Ces efforts, d'abord désordonnés, ne produisent pas grand résultat; mais le sifflet du chef se fait entendre. Des chants cadencés s'élèvent : sous l'influence du rythme les mouvements se coordonnent, s'harmonisent, et à chaque cri le filet monte de quelques lignes. Bientôt il est presque à fleur d'eau ; il est temps de se remettre à l'œuvre. La yole, jusque-là simple spectatrice, prend alors une part active à l'action. Montée par quelques pêcheurs d'élite, elle poursuit les thons dans l'espace étroit qui leur reste, les atteint avec de longs harpons, et les pousse aux crochets des barques qui les enlèvent.

« Je dois le dire, ce spectacle que nous avions désiré nous laissa tristes et mécontents : cette tuerie nous avait péniblement affectés. Peut-être l'impression eût-elle été différente si les pêcheurs avaient eu l'ombre d'un danger à courir, si seulement les thons avaient pu rugir en se débattant ; mais

25

ces luttes si complètement inégales, ces agonies muettes où des mouvements convulsifs accusaient seuls les angoisses des victimes, nous avaient réellement impressionnés. Quant à nos matelots, ils étaient radieux. Pêcheurs, ils ne pouvaient sentir et voir qu'en hommes de leur profession et la pêche avait été superbe. En trois heures, ils avaient harponné 554 poissons, pesant environ 80 kilogrammes en moyenne. On savait d'ailleurs que les chambres de la madrague renfermaient encore près de 400 prisonniers. Le propriétaire pouvait donc compter dès le début de la campagne sur environ 72.000 kilogrammes de chair de thon représentant une valeur d'au moins 43.000 francs. »

On voit, d'après ces chiffres, à quel important commerce donne lieu la pêche du thon. Le thon qui ne peut être consommé frais se vend salé ou mariné dans l'huile, en conserves.

Le seul défaut des thonnaires et madragues — si l'avantage général ne compense pas le dommage particulier — c'est de demander des frais d'établissement ou d'entretien de beaucoup supérieurs aux ressources individuelles des pêcheurs de la côte. Ce n'est plus une pêche proprement dite, mais une véritable exploitation industrielle de la mer, accessible seulement à des capitaux assez considérables. Le pêcheur qui n'a que sa barque et ses filets ne peut songer à de pareilles installations, et ce n'est sans doute pas sans quelque amertume qu'il assiste à une concurrence, non pas précisément déloyale, mais à coup sûr écrasante pour lui.

CHAPITRE VII

LES GRANDES PÊCHES AU LARGE

Les cétacés. — La baleine. — Les baléinoptères. — Respiration des cétacés. — Les évents de la baleine. — Les marins basques. — La boëte. — La pêche de la baleine au harpon. — Emploi des explosifs et du poison. — Pourquoi on chasse la baleine.

La baleine, comme le cachalot, le dauphin, et, d'une façon générale, comme tous les cétacés, n'a du poisson que la forme et l'habitat. Pour le naturaliste, les cétacés appartiennent en effet à la classe la plus élevée du règne animal : celle des mammifères, dont l'homme lui-même fait partie.

La baleine est au nombre des plus grands animaux connus. Elle peut atteindre 26 à 27 mètres de longueur. La tête, énorme, forme à peu près le tiers de cette dimension. La langue a parfois jusqu'à 9 mètres de longueur et peut fournir plusieurs barils d'huile. Le poids d'une baleine de taille moyenne — 20 mètres — a été reconnu égal à celui de 300 bœufs gras.

Les baléinoptères, très voisins de la baleine et qui s'en distinguent principalement en ce qu'ils sont pourvus d'une nageoire dorsale qui manque aux baleines proprement dites, atteignent des dimensions plus considérables encore que ces dernières.

Les cétacés, en raison de leur conformation, ont besoin de

respirer fréquemment l'air libre. Leur vie se passe donc alternativement dans les grandes profondeurs et à la surface des
eaux. Chez la baleine, les narines ou évents s'ouvrent à la
partie supérieure de la tête. Quand l'animal revient sur l'eau,
de chacun de ses évents s'élèvent à une hauteur de plusieurs
mètres des jets vigoureux d'eau et de vapeur qu'on appelle
les *souffles* du cétacé, et qui révèlent sa présence au pêcheur.

La baleine se pêchait anciennement sur nos côtes. Longtemps les marins basques ont eu la principale part dans cette
pêche. Aujourd'hui la baleine, pourchassée à outrance dans
nos mers, s'est réfugiée dans les régions glaciales où l'homme
s'acharne à la poursuivre. Elle y trouve en abondance des
bancs de petits crustacés, la *boëte*, comme les appellent les
pêcheurs. Ces crustacés qui donnent à la mer, parfois sur une
étendue de plus de 20 lieues, une couleur rougeâtre, constituent la nourriture préférée de la baleine. La baleine, en effet,
est dépourvue de dents. L'intérieur de sa bouche, énorme
ouverture de 5 à 7 mètres carrés, est occupé, outre la langue,
par des fanons, sortes de lames cornées, serrées les unes
contre les autres comme des lames de persiennes, et garnies

de poils auxquels reste accrochée la boëte lorsque le cétacé referme sa vaste gueule en expulsant, par les interstices des fanons, l'eau de mer contenue dans sa bouche.

La baleine se pêche au harpon, sorte de pique munie d'un fer aigu, qui se lance à la main à une distance de 8 à 9 mètres.

Le docteur Thiercelin, dans son *Journal d'un baleinier*, décrit comme il suit la pêche de la baleine :

« La vigie a crié : *She blows! she blows!* (Elle souffle! elle souffle!) et un tressaillement frénétique a répondu à ce signal. Le navire s'arrête, comme amarré au milieu de l'océan. Les pirogues s'éloignent en effleurant à peine la mer ; un espace d'un ou deux milles les sépare du but...

«... La baleine a présenté d'abord l'extrémité de son nez noir ; puis elle effleure l'eau de ses évents, et une double colonne de vapeur s'élève et se dissout dans l'atmosphère ; elle s'avance ainsi avec un certain air de lenteur et de majesté, en partie sortie de la mer et exposée aux regards. De minute en minute, elle soulève un peu la tête ; un nouveau souffle s'échappe ; après le septième ou huitième, elle montre successivement tous les points de son dos, étale sa queue, la balance et plonge pour vingt-cinq ou trente nouvelles minutes.

« Par le calcul du nombre des souffles exhalés et de la distance qui le sépare encore du cétacé, le baleinier sait s'il peut le joindre avant sa sonde, ou s'il doit attendre une chance meilleure. Les manœuvres de la pirogue varient à l'infini. Dans tous les cas, on doit accoster presque jusqu'à s'échouer sur l'animal pour piquer solidement.

« On approche facilement à 15 ou 20 brasses, mais la grande difficulté est d'arriver à 2 ou 3.

« Quand la pirogue est si près de l'animal qu'il ne peut plus fuir, le harponneur, debout, la cuisse engagée dans l'échancrure du gaillard d'avant, a saisi son harpon des deux mains ; la gauche, allongée en avant, empoigne presque la douille, et

la droite, relevée, soutient la partie moyenne du manche. L'officier, seul juge de l'opportunité du moment, crie : « Pique ! »
L'arme vibre, traverse l'espace, pénètre dans le lard et va se
fixer dans les parties charnues et tendineuses. La baleine frémit et paraît se rapetisser sous le coup ; excitée par la douleur,
elle s'apprête à fuir ; empêchée par le trait qu'elle porte dans
ses chairs, elle hésite d'abord, si bien que le harponneur tant
soit peu habile peut lui envoyer un second harpon ; en tout
cas, au bout de quelques minutes, elle sonde. L'officier change
alors de place et va prendre son poste d'action. Jusque-là il a
commandé les manœuvres, maintenant il va agir lui-même :
à lui le droit et le devoir de tuer l'animal.

« La ligne se déroule avec une éblouissante rapidité. Déjà
plus de 200 brasses sont à la mer et l'animal sonde toujours.
La force d'immersion est si grande que, si une coque fait obstacle au mouvement, la pirogue peut sombrer ; on a vu aussi
la ligne prendre en se déroulant un homme par un bras, par
une jambe, par le corps même, l'entraîner dans la mer et ne
le laisser remonter qu'alors que la partie saisie avait été coupée
par le frottement. On pourrait difficilement se faire une idée
du sang-froid que réclament ces premières manœuvres. C'est
ici surtout que l'équipage doit obéir aveuglément, il ne peut
être qu'une machine à nager et à scier : il y va du salut de tous.
Dans ces moments solennels, la peur s'empare de certains
matelots : sitôt la baleine amarrée, ils deviennent d'une pâleur
livide ; leur tête se perd ; ils ne voient rien, n'entendent rien,
et ne sauraient désormais obéir à aucun commandement.

« Le vrai baleinier ne connaît pas la peur ; il brave la mort,
mais avec circonspection.

« Que de difficultés, et que de temps, parfois, pour envoyer
le premier coup de lance ! Pourtant, ce n'est pas un, mais dix,
vingt, et plus, qu'il faudra pour déterminer la mort, et encore
à la condition qu'ils porteront dans les lieux d'élection. Si une
blessure mortelle n'est pas infligée dans le premier quart

d'heure, la baleine revient de son épouvante, reprend ses
sens et fuit, entraînant son ennemi après elle : alors alternent
des sondes prolongées et de rapides courses dans le vent. La
pirogue, emportée comme une flèche, passe à travers les
lames comme entre deux murailles de vapeur ; en vain deux
ou trois embarcations, jetant leurs bosses (ou cordes) à celle
qui est amarrée, viennent se faire remorquer et augmenter le
fardeau traîné ; la course générale n'en est pas sensiblement
ralentie.

« Cette phase du combat commande une manœuvre nouvelle,
plus difficile et plus dangereuse que celles qui l'ont précédée.
Armé d'un louchet, ou pelle tranchante, le baleinier attend que
le cétacé élève sa queue de quelques mètres au-dessus de
l'eau, et, se halant jusque sous cet organe formidable, il lance
son louchet au niveau des dernières vertèbres caudales. S'il
divise l'artère et les tendons, le sang jaillit à flots et la mobilité
diminue dans une grande proportion. Grâce aussi à cette
attaque par derrière, la baleine change souvent de route, la
pirogue se trouve par son travers, et le service de la lance
peut recommencer.

« Il serait impossible de peindre toutes les ruses, toutes les
furieuses attaques, toutes les fatigues et enfin toutes les charges
à outrance de l'homme contre cette masse vivante, dont un seul
coup d'aileron briserait toutes les pirogues d'un navire. Quand
l'occasion le permet, une autre pirogue s'amarre en second
afin d'enlever au cétacé plus de chances de fuite et d'arriver
au résultat final. A chaque coup, l'animal pousse des souffle-
ments rauques et métalliques qu'on peut entendre de plusieurs
milles de distance ; le souffle blanc, épais, chargé de beaucoup
d'eau pulvérisée, s'élève à une grande hauteur, jusqu'à ce
qu'après un coup plus heureux, deux colonnes de sang
s'échappent des évents, s'élèvent dans l'air et, dans leur chute,
rougissent la mer sur une large surface : à partir de ce moment
la baleine est considérée comme morte.

« Quelquefois la mort vient aussitôt après l'apparition du sang dans le souffle, mais le plus souvent la vie se prolonge encore une ou plusieurs heures : cette circonstance est regardée comme favorable, en ce que la grande perte du sang prépare, pour la suite, un corps spécifiquement plus léger et flottant mieux. Pourtant, l'animal peut encore être perdu si l'éloignement, la nuit ou l'état de la mer ne permettent pas au navire de le suivre. A l'approche de la mort, la pauvre baleine rassemble ce qui lui reste de force, et dans une fuite désordonnée, sans but, sans conscience du danger, elle nage, nage, renversant tout ce qu'elle rencontre sur son passage : elle ne voit rien, se jette à l'aventure sur les pirogues, sur les autres baleines, sur un rocher ou sur la plage. Bientôt un frisson général s'empare de son corps ; ses convulsions font blanchir et bouillonner la mer : on dit alors, suivant l'expression cruelle des marins, *qu'elle fleurit*. Enfin, elle soulève une dernière fois la tête, une dernière fois elle cherche le soleil et meurt. Devenue désormais corps inerte, elle se renverse et flotte, le dos en bas, le ventre à fleur d'eau, la tête un peu plongeante.

« Aussitôt que le cétacé est mort, les pirogues s'en approchent et l'amarrent, le remorquent jusqu'au bâtiment, aux flancs duquel on l'attache pour le dépecer, opération qui se fait aujourd'hui en quatre heures. On procède ensuite à la fonte du lard, après quoi le navire reprend la pêche jusqu'à ce que son chargement soit complet ou qu'il n'ait plus d'espoir de l'augmenter. »

Aujourd'hui, l'attaque de la baleine commence toujours au harpon ; mais, au lieu d'achever ensuite l'animal à coups de lance, on emploie soit des balles explosives, lancées par un coup de fusil, soit même des projectiles chargés de faire pénétrer dans le corps du cétacé un poison énergique. Du reste, d'après le poème sur la Pêche d'Oppien, les anciens Grecs cherchaient déjà à empoisonner les blessures des cétacés qu'ils capturaient. **M.** le docteur Thiercelin a tenu à expérimenter lui-même un toxique composé d'un mélange de strychnine et de curare imaginé par lui. Cet essai a donné les résultats les plus satisfaisants. Malheureusement la routine est là pour empêcher que son emploi ne se généralise aussi vite qu'il serait à désirer, car, avec les procédés actuels, la pêche de la baleine devient d'un rapport de plus en plus aléatoire.

C'est principalement pour sa couche épaisse de lard que l'on chasse la baleine. De ses fanons on fabrique des buscs de corset, des garnitures d'ombrelles et de parapluies, etc.

CHAPITRE VIII

LES GRANDES PÊCHES AU LARGE (SUITE)

Les phoques. — Le morse, — Lamantins et dugongs. — Les Sirènes ou femmes de la
mer. — Le Dieu-Poisson Oannès. — Le Dauphin. — Le chanteur Arion. — Alliance
du dauphin et de l'homme pour la pêche. — La pêche au cormoran.

Les phoques et les morses appartiennent, comme la baleine,
au genre des mammifères. Comme elle encore, ils ont été refoulés par l'homme dans les régions des mers glaciales.

Une tête de quadrupède aux yeux bruns et doux comme
ceux des gazelles sur un corps se terminant en queue de poisson, tel est le phoque. Facile à apprivoiser, et même à dresser
comme le chien, presque toutes les ménageries ambulantes en
montrent dans les foires, couchés plus ou moins commodément
dans des cuviers à moitié remplis d'eau.

Il y en a plusieurs espèces. Le phoque commun ne dépasse
guère 1 mètre de long, le lion marin (phoque platyrhynque)
peut atteindre 8 mètres. Tous deux vivent dans les mers
boréales ; leur nourriture se compose de poissons, de petits
crustacés, des oiseaux marins qu'ils peuvent saisir ; au besoin
des fucus qu'ils paissent dans la mer.

Les Romains connaissaient le phoque. Ils attribuaient à sa
peau la propriété de détourner la foudre. Le grand Auguste,
superstitieux comme un Italien — qu'il était — en portait
constamment.

Les pêcheurs, tantôt harponnent le phoque comme la baleine,

tantôt, lorsqu'ils le surprennent reposant sur la côte, le tuent à coups de fusil ou l'assomment avec des bâtons.

Le morse se distingue aisément du phoque par deux dents longues de 60 et parfois de 70 centimètres, qui descendent en se recourbant de sa mâchoire supérieure. Peu farouche, il s'est laissé longtemps cerner sur le rivage sans se méfier des matelots. Plus circonspect aujourd'hui, il s'élance vers la mer à l'approche des chaloupes. Ce sont des animaux courageux, et plus d'une fois les canots qui avaient harponné un des leurs se sont vus entourés et assaillis par la bande entière.

On le chasse, ou plutôt on l'extermine pour l'ivoire de ses défenses, pour son huile et pour son cuir.

Dans les mêmes régions, les pêcheurs poursuivent deux autres cétacés, les lamantins et les dugongs. Les deux espèces sont herbivores. On a cru retrouver en eux les célèbres Sirènes ou femmes de la mer des anciens. De loin, ces animaux pouvaient faire une certaine illusion, grâce aux mamelles des femelles, et à leur habitude singulière et si touchante de porter leurs petits sur leurs nageoires, — on pourrait dire sur leurs bras, comme une femme, une mère, pour le nourrir, pour l'endormir, serre son enfant contre son sein. Le Dieu-Poisson Oannès, que les Egyptiens représentent comme sorti de la mer Erythrée (la mer Rouge) pour enseigner aux hommes les premiers éléments de la civilisation, pourrait bien être une déification du lamantin. Darwin et quelques autres se sont contentés d'y voir les ascendants plus ou moins éloignés de notre espèce humaine.

De tous les cétacés, le plus célèbre est le dauphin. Il a été honoré longtemps comme un ami de l'homme. L'histoire du chanteur Arion, précipité à la mer par les matelots et sauvé par un dauphin qui le recueillit sur son dos, est un beau sym-

bole de cette affection singulière. Ce qu'on sait moins, c'est
que, d'après Oppien, il y aurait eu pour la pêche, entre le
dauphin et l'homme, une de ces associations naturelles dont
l'alliance du chasseur et de son chien donne le plus parfait

modèle. Voici, en effet, ce que rapporte cet auteur, en grande
estime auprès de Buffon lui-même qui déclare, dans son *Histoire naturelle*, qu' « *une probabilité devient une certitude par le
témoignage d'Oppien* ».

« La pêche des dauphins est réprouvée des dieux : les sacrifices de celui qui oserait la faire ne leur seraient point agréables ;
il n'approcherait de leurs autels qu'une main profane. L'homme
qui se porte volontairement à leur faire la guerre entache de
son crime tous ceux de sa maison. Les immortels sont également irrités du meurtre des humains et de celui de ce prince
des mers.

« Un même génie est le partage des hommes et de ces
ministres de Neptune. De là le principe, comme naturel, de
leurs affections, le nœud qui les lie à l'homme d'une amitié si
particulière ; aussi, dans les parages de l'Eubée, les dauphins
prêtent-ils leur assistance aux pêcheurs, quels que soient les
poissons qu'ils ambitionnent de prendre.

« Lorsque, dans leurs pêches nocturnes, les matelots se pré-

sentent sur les ondes armés de l'épouvantail de leurs feux, de
la lumière vive d'une lampe d'airain, les dauphins se rangent
à leur suite pour hâter avec eux leur pêche. Les poissons,
saisis d'épouvante, prennent la fuite ; les dauphins, du sein des
eaux, viennent réunis à leur rencontre, les forcent de retourner
en arrière, les harcèlent, les pressent, quoique ambitieux de
gagner le fond, de faire retraite vers la terre ennemie : semblables à des chiens de chasse qui, par leurs aboiements succes-
sifs, décèlent, ramènent le gibier aux chasseurs.

« Repoussés ainsi vers le rivage, dans le trouble et le désordre,
les poissons tombent aisément dans les mains des pêcheurs,
percés de leurs tridents aigus. Voyant que la route des mers
leur est fermée, ils bondissent dans l'onde, pressés par les
dauphins, leurs rois, et par les feux des marins. Lorsque le
travail de cette heureuse pêche est terminé, les dauphins
s'approchent pour demander le prix de leur secours, pour
recevoir leur part de butin : les pêcheurs ne s'y refusent point ;
ils leur délivrent sans peine la portion qui leur est due. S'ils
commettaient l'injustice de leur en faire tort, les dauphins ne
s'offriraient plus dans la suite comme auxiliaires dans leurs
pêches. »

Hélas ! déjà, du temps d'Oppien, les Thraces « barbares »
poursuivaient le dauphin. La pratique de ces peuples « émi-
nemment féroces et méchants » s'est généralisée. L'homme
non seulement a refusé leur juste part aux dauphins, mais il a
mangé ses alliés. Nous ne répondrions pas du chien, s'il était
comestible. Et encore, ici, au moins, l'imprévoyance serait-elle
moins palpable. L'homme pourrait, à la rigueur, se passer du
chien. Sur terre, il est chez lui. Ses pieds posent fermement
sur le sol. Il peut traverser les forêts, gravir les montagnes,
s'enfoncer dans les vallées, descendre au fond des précipices ;
mais sur mer ! La mobilité de l'océan fait sa force. On ne
marche pas sur les vagues. On ne peut pas suivre la pente du
rivage lorsque celui-ci s'abîme sous les flots. On n'explore pas

les gouffres de la mer. L'homme, bien plus que du chien de chasse sur la terre ferme, aurait besoin du dauphin sous les flots.

Mais le pacte est rompu aujourd'hui. Se renouera-t-il? Qui sait! Tous les avantages seraient pour l'homme. La pêche au dauphin serait plus fructueuse encore que celle au pélican ou au cormoran, un peu abandonnée dans nos contrées, mais qui se fait encore en Chine, notamment. La fidélité du cétacé serait plus méritoire que celle de l'oiseau, celui-ci rapportant surtout parce qu'un anneau ou une corde convenablement serrée autour de la gorge l'empêche d'avaler le poisson capturé.

CHAPITRE IX

LES GRANDES PÊCHES AU LARGE (suite)

La morue. — La pêche de la morue. — Pêche à la ligne et au filet. — Pêche « à la faux ». — Fécondité de la morue. — Utilité de la morue. — La vie à bord des bateaux de pêche.

La morue a été pêchée bien avant ce qu'on est convenu d'appeler l'époque historique des peuples. Les débris de ce poisson se rencontrent en grand nombre dans ces curieux amoncellements de coquilles et de détritus divers que les Danois nomment *Kjokken moeddings* (débris de cuisine) et dont la science moderne a cru pouvoir induire de si intéressants renseignements sur la nourriture et les mœurs des hommes de « l'Age de la Pierre ».

Poisson du Nord, la morue, encore aujourd'hui, se pêche dans toutes les mers arctiques, sur les côtes du Groenland, de l'Islande, de la Norvège, de l'Ecosse, etc., mais surtout aux environs de Terre-Neuve, sur le banc de soixante lieues de large et cent lieues de long que forme à cet endroit un relèvement des plateaux sous-marins.

Les pêcheurs emploient la ligne ou le filet. Telle est l'abondance du poisson qu'une barque montée par quatre ou cinq pêcheurs peut en prendre à l'hameçon jusqu'à 500 ou 600 en un seul jour. Tout appât lui est bon : capelan, rogue, débris de morue même ; la morue ne respecte pas sa propre espèce.

Bien plus, on en capture avec des hameçons sans appât, en jetant la ligne à l'eau et en lui imprimant des mouvements brusques de gauche à droite, de droite à gauche, ou de bas en haut, de façon à piquer le poisson qui se trouverait sur la route des hameçons de la palancre. C'est ce qu'on appelle la pêche *à la faux*, par allusion au mouvement de fauchage imprimé à la ligne. Une phrase de M. Xavier Marmier explique cette façon un peu invraisemblable de piquer le poisson au hasard de l'hameçon :

« Autour des îles Lofoden, rapporte l'intéressant écrivain, les poissons descendent en si grande quantité qu'ils s'entassent les uns sur les autres et forment souvent des couches compactes de plusieurs toises d'épaisseur. Le patron jette la sonde dans la mer, et là où il la sent *rebondir sur le dos des poissons comme sur les rocs,* il s'arrête et commence la pêche. »

La prodigieuse puissance de multiplication des morues suffit pour compenser toutes les pertes de l'espèce. Leuwenhoeck, un savant du siècle dernier qui s'est fait une célébrité par ces sortes de calculs, a compté au microscope plus de neuf millions d'œufs dans une seule femelle.

Tout sert dans la morue. De son foie, on extrait une huile dont les propriétés thérapeutiques sont bien connues ; il n'est guère d'enfant chez qui les mots « huile de foie de morue » n'évoquent le souvenir de certain fortifiant plutôt accepté par obéissance que recherché par goût. La langue de la morue est un morceau de choix. De la vessie natatoire du poisson on fabrique une colle qui vaut la colle de l'esturgeon, et que l'on peut manger, le cas échéant. Le corps du poisson se consomme

DÉPART DES BATEAUX DE PÊCHE

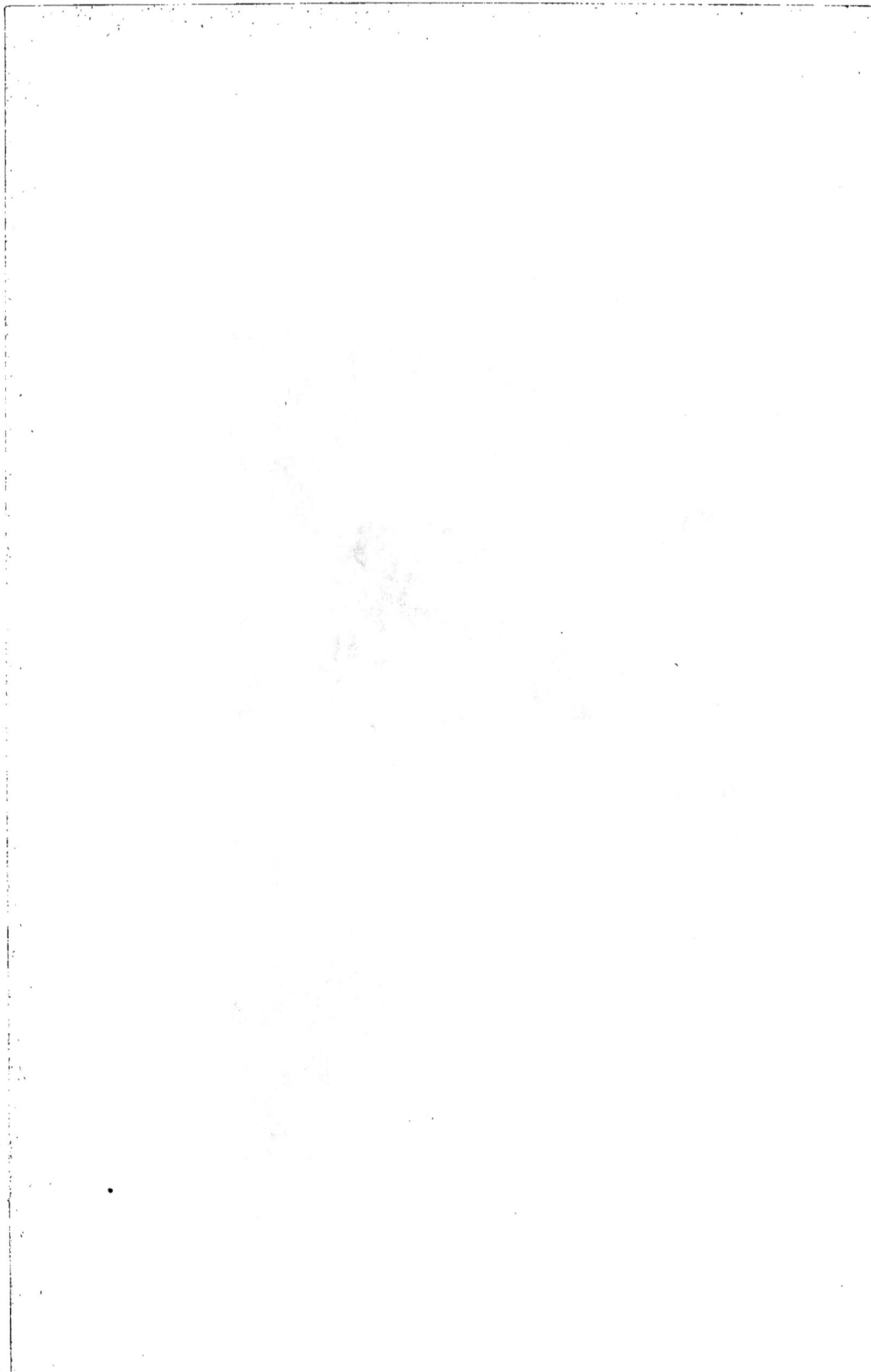

frais ou salé. Têtes, vertèbres, arêtes sont utilisées comme
engrais ou bien, chez les peuples du Nord, sont données en
nourriture aux bestiaux et aux chiens. Les intestins servent à
fabriquer la rogue, appât préféré des sardines. La morue,
peut-on dire d'après un ancien auteur, est à la fois le froment
et le pain des pays septentrionaux. Pour tous les autres, elle
est une ressource infiniment précieuse.

Le naturaliste américain Audubon a écrit sur la vie à bord
des bateaux de pêche les pages intéressantes qui suivent :

« East-Port, dans le Maine (un des Etats de l'Amérique du
Nord), envoie chaque année une grosse flottille de schooners
et de pinasses au Labrador, pour se procurer morues, maquereaux et parfois du hareng. Les vaisseaux mettent à la voile
aussitôt que la chaleur du printemps a débarrassé les mers
de l'encombrement des glaces, c'est-à-dire du commencement
de mai à celui de juin.

« Un vaisseau de cent tonneaux ou plus est pourvu d'un
équipage de douze hommes, tous pêcheurs et matelots con-
sommés... Leurs provisions sont simples, mais de bonne qualité et très rarement les gratifie-t-on de quelques rations de
spiritueux ; du bœuf, du porc, des biscuits avec de l'eau,
voilà tout ce qu'ils prennent avec eux. Cependant on a soin de
leur donner des vêtements chauds ; des jaquettes et des culottes
imprégnées d'huile et à l'épreuve de l'eau, de grandes bottes,
de fortes mitaines et quelques chemises composent la partie la
plus solide de leur garde-robe... La cale du vaisseau est rem-
plie de barils de diverses dimensions, les uns contenant du
sel, d'autres pour mettre l'huile qu'on retirera de la morue...
Les gages des pêcheurs varient de 16 à 50 dollars par mois.

« Le travail de ces hommes est excessivement dur : sauf le
dimanche, rarement, sur les vingt-quatre heures, leur en
accorde-t-on *plus de trois* de repos. Le cuisinier est le seul
qui, sous ce rapport, soit mieux traité ; mais il faut aussi qu'il

aide à vider et à saler le poisson... Dès trois heures du matin,
l'équipage est tout prêt pour le travail du jour...

« Quand on a atteint les bancs où le poisson se plaît, les
bateaux s'établissent à de courtes distances les uns des autres ;
la petite escadrille laisse tomber l'ancre par une profondeur
de dix à vingt pieds d'eau, et immédiatement la pêche commence. Chaque homme a deux lignes, et se tient à un bout du
bateau auquel on a enlevé les planches couvrant la soute, pour
faire place au poisson. Les lignes amorcées sont lancées à
l'eau de chaque côté de la barque ; leurs plombs les entraînent
à fond ; un poisson mord, le pêcheur tire à soi brusquement
d'abord (pour ferrer), puis d'un mouvement continu, et jette
sa capture de travers sur une petite barre de fer ronde, placée
derrière lui, ce qui force le poisson à ouvrir la gueule, tandis
que le seul poids de son corps fait déchirer les chairs et dégage
l'hameçon. Cependant l'amorce est encore bonne, et déjà la
ligne est retournée à l'eau chercher un autre poisson, en même
temps que, par le bord opposé, le camarade tire la sienne, et
ainsi de suite. De cette manière, avec deux hommes travaillant
bien, l'opération se continue jusqu'à ce que le bateau soit si
chargé que la ligne de flottaison ne vienne bientôt plus qu'à
quelques pouces de la surface de l'eau. Alors on retourne au
vaisseau qui attend dans le port, rarement à plus de huit milles
des bancs...

« Une fois arrivé au vaisseau, chacun s'arme d'une perche
qui porte au bout un fer recourbé assez semblable aux dents
d'une fourche à foin. Avec cet instrument on perce le poisson
qu'on jette d'une secousse sur le pont, en le comptant à haute
voix au fur et à mesure ; puis, dès que chaque cargaison est
ainsi déposée en sûreté, les bateaux repartent pour la pêche ;
et quand l'ancre est jetée, l'équipage dîne pour recommencer.
Laissons-les, si vous le permettez, continuer quelque temps
leur manœuvre, et voyons un peu ce qui va se passer à bord
du vaisseau.

« Le capitaine, quatre hommes et le cuisinier ont, dans le
courant de la matinée, dressé de longues tables en avant et en
arrière de la grande écoutille ; ils ont porté sur le rivage la
plus grande partie de leurs barils de sel, et placé en rang de
larges caques vides pour les foies. L'intérieur du vaisseau est
entièrement débarrassé, sauf un coin où on a déposé un gros
tas de sel ; et maintenant les hommes, ayant dîné à midi précis, sont prêts avec leurs couteaux. L'un commence par couper
la tête de la morue, ce qui se fait d'un bon coup de tranchet
et en un seul tour de main ; puis il lui ouvre le ventre par en
haut, la pousse à son voisin, lance la tête par-dessus bord et
recommence la même opération sur une autre. Celui auquel
le premier poisson a été passé lui enlève les entrailles, en
sépare le foie qu'il jette dans une caque, et le reste par-dessus
bord ; enfin un troisième individu introduit dextrement son
couteau en dessous des vertèbres, les sépare de la chair qu'il
envoie dans le vaisseau par l'écoutille, et le surplus toujours
à la mer.

« Maintenant si vous voulez jeter les yeux à l'intérieur, vous
pourrez voir la dernière cérémonie, qui consiste à saler et à
entasser la morue dans les barils : six hommes qui en ont
l'habitude, et dont les bras veulent s'occuper, suffisent à déca-
piter, vider, désosser, saler et emballer tout le poisson pris
dans la matinée, et à débarrasser complètement le pont pour
le moment où les bateaux reviendront avec une nouvelle
charge. Leur travail se prolonge ainsi jusqu'à minuit... ils
sont bientôt plongés dans un profond sommeil. Mais il est
déjà trois heures du matin ! Le capitaine sort de sa cabine en
se frottant les yeux, et appelle à haute voix : « Tout le monde
debout, holà, ho ! » Les jambes engourdies, et encore à moitié endormis, les pêcheurs sont bientôt sur le pont. Leurs
mains et leurs doigts leur font tant de mal et sont tellement
enflés à force de tirer les lignes qu'ils peuvent à peine s'en
servir. Mais c'est bien de cela qu'il s'agit... Le déjeuner est

promptement expédié ; on met de côté les vêtements propres pour reprendre l'habit de fatigue ; chaque bateau, nettoyé d'avance, reçoit ses deux hommes et la flotille de nouveau fait voile pour le lieu de la pêche.

« Il n'y a pas moins de cent schooners ou pinasses dans le port ; or comme trois cents bateaux partent chaque jour pour les bancs, et que chaque bateau peut prendre en moyenne deux mille morues, quand vient la nuit du samedi au dimanche, c'est à peu près six cent mille poissons qui ont été pris, nombre qui ne laisse pas de faire un peu de vide dans les premiers parages. Aussi le capitaine profite-t-il de la relâche du dimanche pour rentrer les barils de sel qui sont à terre, et se diriger vers un havre mieux approvisionné où il espère arriver avant le coucher du soleil. Si la journée est propice, les hommes peuvent se donner du bon temps pendant la traversée, et le lundi on recommence de plus belle. »

On peut voir par ce qui précède que la vie du pêcheur de morues n'est pas précisément une existence de plaisir et de désœuvrement. Jamais matelot, cependant, n'a songé à se plaindre de son sort. C'est que la nature est une maîtresse aux enseignements rudes : la leçon qu'elle dicte, l'exemple qu'elle donne, la loi qu'elle promulgue, c'est le travail, continu, incessant et universel, de tous pour chacun et de chacun pour tous.

CHAPITRE X

LES MONSTRES DE LA MER

Le requin. — Sa description. — Voracité du requin. — Le prophète Jonas. — Vitalité du requin. — Finesse de son odorat. — La pêche du requin. — Pourquoi on pêche le requin. — Marteau. — Poisson-scie. — Espadon. — Pêche de l'espadon. — Le cachalot. — Produits extraits du cachalot.

L'Océan a ses monstres. C'est la patrie des Béhémoths et des Léviathans bibliques. Au nombre de ses plus formidables habitants figure le requin.

Le requin est un poisson du genre des squales. Lacépède en a tracé un portrait bien fait pour inspirer l'effroi.

« Ce formidable animal, écrit-il, parvient jusqu'à une longueur de plus de 10 mètres, et pèse quelquefois près de 1.000 livres. Mais la grandeur n'est pas son seul attribut ; il a reçu aussi la force et des armes meurtrières ; cruel autant que vorace, il est véritablement le tigre de la mer. Recherchant sans crainte tout ennemi, poursuivant avec plus d'obstination, attaquant avec plus de rage, combattant avec plus d'acharnement que les autres habitants des eaux ; plus dangereux que plusieurs cétacés qui presque toujours sont moins puissants que lui ; inspirant même plus d'effroi que les baleines qui, moins bien armées et douées d'appétits bien différents, ne provoquent presque jamais l'homme ni les grands animaux ; rapide dans sa course, répandu sous tous les climats, ayant envahi pour ainsi dire toutes les mers, paraissant souvent au milieu des tempêtes, aperçu facilement par l'éclat phosphorique dont il brille, au milieu des ombres de la nuit la plus orageuse ; menaçant de sa gueule énorme et dévorante les infortunés navigateurs exposés aux horreurs du naufrage, leur fermant toute voie de salut, leur montrant en quelque sorte leur tombe ouverte et plaçant sous leurs yeux le signal de la destruction, il n'est pas surprenant qu'il ait reçu le nom funèbre qu'il porte et qui, réveillant des idées lugubres, rappelle surtout la mort dont il est le ministre. Requin est en effet une corruption de *requiem* qui désigne la mort et le repos éternel et qui doit être pour des passagers effrayés l'expression de leur consternation, à la vue d'un squale de plus de trente pieds de longueur, et des victimes déchirées ou englouties par ce tyran des ondes. Terrible encore lorsqu'on a pu parvenir à l'accabler de chaînes, se débattant avec violence au milieu de ses liens, conservant une grande puissance lors même qu'il est déjà tout baigné dans son sang, et pouvant d'un seul coup de sa queue répandre le carnage autour de lui, à l'instant même où il est près d'expirer, n'est-il pas le plus formidable des animaux qui n'aient pas reçu en partage des armes empoisonnées ? Le tigre le plus furieux au milieu des sables brûlants, le crocodile le plus fort sur les rivages de l'équateur, le serpent le plus démesuré dans les solitudes africaines, doivent-ils inspirer autant d'effroi qu'un énorme requin au milieu des vagues agitées ? »

La gueule ouverte d'un requin de 10 mètres n'a pas moins de 3 mètres de circonférence sur 1 mètre de diamètre. Un vieil auteur, Valmont de Bomare, n'hésite pas à voir dans le requin le poisson qui garda trois jours et trois nuits dans ses entrailles le prophète Jonas. On a souvent trouvé des hommes dans l'estomac des requins ; un auteur assure même y avoir découvert un cheval tout entier. Mais jamais on n'a vu personne ressortir vivant de cette épreuve.

Un requin parvenu à son développement complet n'a pas moins de six rangées de dents qu'il possède la faculté de dresser ou de coucher à volonté dans sa gueule. La peau, sauf sous le ventre, est souvent de force à résister au harpon. La vitalité du monstre est prodigieuse. On en aurait vu, rejetés à la mer le ventre ouvert dans toute sa longueur, le cœur et tous les viscères arrachés, s'éloigner à la nage du vaisseau. Le fait n'est pas absolument invraisemblable, si l'on réfléchit à l'énergie vitale de l'anguille, par exemple, ou mieux à celle du brochet, le requin des eaux douces, qui, les entrailles arrachées, mord encore cruellement, parfois, les doigts des cuisiniers imprudents.

Le requin possède un odorat d'une finesse extrême. Les marins de nos pays devraient à cette délicatesse olfactive une immunité singulière. Lorsqu'ils se baignent en compagnie d'hommes de race nègre, le squale se jette de préférence sur le noir, dont l'odeur *sui generis* l'attire de fort loin.

Le requin, grâce à sa voracité et à sa force, dépeuplerait les mers sans une particularité de conformation qui permet parfois de se dérober à son attaque. La gueule du requin, au lieu de s'ouvrir à l'extrémité du museau, s'ouvre au-dessous, et à une distance de trente ou quarante centimètres en arrière. L'animal, pour engloutir sa proie, est donc obligé de se retourner sur le côté ; pendant cet instant de répit, la victime s'échappe quelquefois, ou même prend l'offensive. Les plongeurs de certaines tribus nègres ne craignent pas d'aller à la nage attaquer le requin au couteau. Ils lui ouvrent le ventre au moment où le squale se retourne pour les dévorer. Ce n'est pas là, bien

28

entendu, le mode de pêche le moins périlleux, ni le plus usité.

Le requin se prend à la ligne. L'appât est un morceau de lard fixé à un hameçon puissant attaché lui-même à une chaîne de fer, pour éviter que les dents du monstre ne puissent la couper. Quelquefois aussi on le capture au filet ou on le harponne. Sur les côtes de Norvège et du Groënland, on s'adonne couramment à cette pêche. Une variété particulière, le requin-faux ou singe de mer, se prend dans la Méditerranée. On le mange, sur les côtes, à défaut de plat plus appétissant.

Du foie du requin on extrait de l'huile dont on se sert pour l'éclairage ou pour l'assouplissement des cuirs. Les Islandais mangent le lard du requin ; on se rappellera que, dans les moments de famine, un Islandais dévore jusqu'au cuir de ses bottes. Quant aux Chinois, leur cuisine, toute particulière comme on sait, s'accommode d'un potage aux ailerons de requin préparés d'une certaine façon.

La peau du requin, rugueuse et très dure, a été employée en guise de râpe au polissage de l'ivoire. La peau de chagrin n'est autre que celle d'une sorte de squale, proche parent du requin, la roussette ou chien de mer. On s'en est servi au moyen âge pour garnir des manches de poignard afin d'éviter que l'arme ne tournât dans la main. De nos jours, on l'a employée sur les boîtes d'allumettes comme frottoir, on en a recouvert des étuis d'instruments, etc.

Enfin les dents mêmes du requin, s'il faut en croire Belon, naturaliste français du xvi⁰ siècle, ont trouvé leur emploi en guise d'amulettes contre le mal de dents et contre la peur !

A côté du requin il faut ranger le squale marteau et le poisson-scie. Le premier offre cette conformation singulière que son corps figure assez exactement avec sa tête le manche et le fer d'un marteau, d'où le nom du poisson. Aux deux extrémités de la tête, étirée transversalement sur les côtés, brillent des yeux phosphorescents. Le second, le poisson-scie, doit son nom à la lame dentelée, solide comme une défense d'ivoire, qui termine son museau. Avec cette arme, le squale attaque la baleine elle-même et en triomphe souvent malgré ses faibles dimensions — 5 mètres au plus de longueur — comparées à celles du cétacé.

L'espadon se rapproche assez naturellement du poisson-scie, quoique appartenant à une famille différente, celle des scombres, dont font partie le maquereau et le thon.

Comme le poisson-scie, l'espadon est armé d'une sorte d'épée, — d'où son nom, — formée par un prolongement de sa mâchoire supérieure. L'arme a parfois jusqu'à 3 mètres de longueur.

L'espadon se nourrit principalement de thons; il apprécie particulièrement, paraît-il, la langue de la baleine, et ne craint pas d'attaquer celle-ci en la transperçant de son glaive. Il ne mange d'ailleurs que la langue du cétacé et dédaigne le reste, en délicat qu'il est.

L'espadon, assez commun dans la Méditerranée, se pêche soit au filet soit au harpon. Les anciens pêcheurs avaient recours dans ce dernier cas, pour approcher le poisson, à un stratagème digne de l'esprit fertile des inventeurs du légendaire Cheval de Troie.

« Dans la mer Tyrrhénienne, dans les parages de la ville sacrée de Marseille et dans ceux des Celtes, écrit Oppien, vivent de prodigieux xiphias (espadons). Dans ces contrées, les pêcheurs construisent des bateaux, armés de fers redoutables, qui ont la structure et la ressemblance des xiphias:

ils en attaquent ces animaux. Ceux-ci ne se portent point sur
eux comme sur une proie ; ils les prennent non pour des bâtiments, mais pour des compagnons, des poissons de même
espèce, jusqu'au moment où ils se voient enfermés de toutes
parts dans un cercle de pêcheurs ennemis.

« Frappés alors du terrible trident, ils reconnaissent l'extrémité cruelle où ils en sont réduits ; tous leurs efforts sont
vains, la fuite n'est plus en leur pouvoir... Souvent ces robustes
habitants des mers se défendent avec leurs glaives et les plongent dans les flancs creux des
bateaux ; les pêcheurs se hâtent
aussitôt de les rompre, de les
séparer de leurs têtes à grands
coups de hache. Ils entraînent les
xiphias ainsi désarmés, tandis que
leurs glaives restent fixes dans le
bois comme des pieux de fer. Lorsque des guerriers, dans le
dessein d'entrer par la ruse dans une ville et dans ses tours,
se revêtent des dépouilles des ennemis restés morts sur le
champ de bataille et se présentent dans cet état aux portes,
les habitants, croyant voir arriver à la hâte leurs concitoyens,
leur ouvrent — et n'ont pas lieu d'être fort contents d'avoir
reçu de pareils hôtes ; de même le xiphias se laisse surprendre
à la ressemblance trompeuse des bateaux. »

Le requin a trouvé plus féroce que lui : le cachalot, terreur
de toutes les mers. Le cachalot, comme la baleine, appartient
à l'ordre des cétacés. Mais autant elle est pacifique, autant il
semble altéré de carnage. Sa tête, énorme, fait le tiers, la
moitié presque de la longueur totale de l'animal, laquelle est
de 20 à 25 mètres. A la vue de ses formidables mâchoires, le
requin s'enfuit, s'enfonce d'effroi dans la vase, se brise parfois
la tête sur les rochers dans l'emportement de sa fuite. « Le
requin, dit M. Otho Fabricius, ce chien de mer qui recherche

avec tant d'avidité le cadavre des autres cétacés, n'ose pas même s'approcher de celui du grand cachalot. » Capable de broyer une chaloupe dans ses mâchoires, le cachalot, pour les pêcheurs islandais, est l'Orque mystérieuse, le monstre dont on tait le nom en mer de peur de le faire apparaître.

Malheureusement pour lui, le cachalot se trouve être, au point de vue commercial, un animal de quelque utilité. Son crâne énorme contient l'adipocire, sorte d'huile ou de cire plus ou moins liquide dont on fabrique des bougies diaphanes, dites « bougies de blanc de baleine ». La couche de lard dont son corps est protégé donne de l'huile ; enfin, c'est le cachalot qui produit l'ambre gris. L'ambre gris est tout simplement l'excrément de certains cachalots. C'est, au reste, un parfum recherché ; la médecine l'emploie, et on l'a même, paraît-il, utilisé dans les sauces.

CHAPITRE XI

LES MONSTRES DE LA MER (suite)

Une page de Victor Hugo. — Le poulpe ou pieuvre. — Seiches et calmars. — Monstres légendaires. — L'arbas et le kraken. — Le serpent de mer. — Raies monstrueuses. — Poissons électriques. — La torpille. — Le gymnote, etc.

Dans les *Travailleurs de la mer*, Victor Hugo a dépeint un des monstres de l'océan.

Gilliatt, le héros du livre, vient de plonger la main dans la fente d'un rocher laissé à découvert par la marée :

« Tout à coup il se sentit saisir le bras.

« Ce qu'il éprouva en ce moment, c'est l'horreur indescriptible.

« Quelque chose qui était mince, âpre, plat, glacé, gluant et vivant, venait de se tordre dans l'ombre autour de son bras nu. Cela lui montait vers la poitrine. C'était la pression d'une courroie et la poussée d'une vrille. En moins d'une seconde, on ne sait quelle spirale lui avait envahi le poignet et le coude et touchait l'épaule. La pointe fouillait sous son aisselle.

« Gilliatt se rejeta en arrière, mais put à peine remuer. Il était comme cloué ! De sa main gauche restée libre il prit son couteau qu'il avait entre ses dents, et de cette main, tenant le couteau, s'arc-bouta au rocher avec un effort désespéré pour retirer son bras. Il ne réussit qu'à inquiéter un peu la ligature qui se resserra. Elle était souple comme le cuir, solide comme l'acier, froide comme la nuit.

« Une deuxième lanière, étroite et aiguë, sortit de la cre-

vasse du roc. C'était comme une langue hors d'une gueule.
Elle lécha épouvantablement le tronc nu de Gilliatt, et tout à
coup s'allongeant, démesurée et fine, elle s'appliqua sur sa
peau et lui entoura tout le corps. En même temps, une souf-
france inouïe, comparable à rien, soulevait les muscles crispés
de Gilliat. Il sentait dans sa peau des enfoncements ronds,
horribles. Il lui semblait que d'innombrables lèvres, collées à
sa chair, cherchaient à lui boire le sang.

« Une troisième lanière ondoya hors du rocher, tâta Gilliatt,
et lui fouetta les côtes comme une corde. Elle s'y fixa.

« L'angoisse, à son paroxysme, est muette. Gilliatt ne jetait
pas un cri. Il y avait assez de jour pour qu'il pût voir les
repoussantes formes appliquées sur lui. Une quatrième ligature, celle-ci rapide comme une flèche, lui sauta autour du
ventre et s'y enroula.

« Impossible de couper ni d'arracher ces courroies vis-
queuses qui adhéraient étroitement au corps de Gilliatt et par
quantités de points : chacun de ces points était un foyer d'affreuse douleur. C'était ce qu'on éprouverait si on se sentait
avalé à la fois par une foule de bouches trop petites.

« Un cinquième allongement jaillit du trou. Il se superposa
aux autres et vint se replier sur le diaphragme de Gilliatt. La

compression s'ajoutait à l'anxiété ; Gilliatt pouvait à peine respirer.

« Ces lanières, pointues à leur extrémité, allaient s'élargissant comme des lames d'épée vers la poignée. Toutes les cinq appartenaient évidemment au même centre. Elles marchaient et rampaient sur Gilliatt. Il sentait se déplacer ces pressions obscures qui lui semblaient être des bouches.

« Brusquement une large viscosité ronde et plate sortit de dessous la crevasse : c'était le centre ; les cinq lanières s'y rattachaient comme des rayons à un moyeu ; on distinguait au côté opposé de ce disque immonde le commencement de trois autres tentacules, restés sous l'enfoncement du rocher. Au milieu de cette viscosité il y avait deux yeux qui regardaient.

« Ces yeux voyaient Gilliatt.

« Gilliatt reconnut la pieuvre. »

Le poulpe (ou pieuvre) ainsi magistralement décrit appartient à la classe des mollusques céphalopodes, ainsi nommés de deux mots grecs (*céphalé* tête, et *pous*, pied), parce que leur tête est entourée de longs appendices charnus, qui servent à la fois au mollusque pour nager dans la mer, ramper sur le sable, saisir et retenir sa proie. Les tentacules du poulpe sont à cet effet munis de ventouses qui permettent à l'animal de saisir plus sûrement l'objet, le plus souvent très lisse, comme le corps d'un poisson, qu'il enlace dans leurs replis. Une sorte de bec de perroquet, assez fort pour broyer au besoin la carapace d'une crabe, occupe le centre de la face.

L'animal, naturellement grisâtre et presque transparent, possède la faculté de se confondre comme couleur avec le corps sur lequel il est appliqué. Cette faculté, désignée sous le nom de mimétisme, lui permet d'échapper plus facilement aux divers poissons, la murène par exemple, qui dévoreraient volontiers sa chair molle.

Les poulpes abondent dans la Méditerranée. En pleine mer, on en a pêché de dimensions considérables. Le 30 novembre 1861, au nord de Ténériffe, le navire *l'Alecton* en rencontra un long de 5 à 6 mètres, sans compter les bras qui mesuraient chacun près de 2 mètres. L'animal était d'une couleur rouge brique ; son poids, d'après le capitaine Bouyer, commandant du navire, devait être de 4 à 6.000 livres.

Les seiches et les calmars sont des céphalopodes très voisins du poulpe. Tous deux, pour se dérober à la poursuite de leurs ennemis, jouissent de la faculté de projeter brusquement une sorte de liqueur noire qui trouble l'eau autour d'eux et leur permet de s'évader en profitant de la surprise de l'assaillant. C'est de cette liqueur que l'on extrait la couleur bien connue sous le nom de *sépia*.

L'os intérieur de la seiche est employé dans la fabrication d'une poudre dentifrice. Le même os, de forme oblongue, naturellement léger et assez tendre, est fréquemment placé dans les cages d'oiseaux pour permettre aux petits prisonniers de s'aiguiser le bec.

On pêche la seiche pour sa chair, principalement dans le midi de la France. L'appât consiste simplement en morceaux de draps de différentes couleurs et surtout de couleur rouge enroulés autour de forts hameçons. La seiche, comme la grenouille, se précipite sur cette proie fallacieuse et se laisse enlever avec elle par le pêcheur, qui n'a plus qu'à assommer l'animal contre une pierre.

Il n'est pas impossible que les profondeurs océaniques ne contiennent des êtres plus gigantesques encore. Ce ne serait pas une raison pour accepter les récits évidemment ultra-fantaisistes que nous ont laissés l'antiquité et le moyen âge. Pour en donner deux exemples, le naturaliste Pline, dans son *Histoire naturelle*, affirme l'existence d'un poulpe, l'*arbas*, assez grand pour interdire par sa masse le passage du détroit de Gibraltar aux navires. Pontoppidan, le célèbre évêque de Berghem, a rivalisé d'imagination avec Pline. Le poulpe kraken, en se soulevant du fond des eaux, enlèverait sur son dos, semblable à une île géante, les vaisseaux surpris par son ascension. De nombreux tableaux votifs, dans les églises des côtes, représentent le poulpe enlaçant de ses bras, plus longs que les grands mâts, un navire dont le bordage éclate sous la pression.

A côté du kraken, il faut ranger, parmi les monstres légendaires, le trop fameux serpent de mer qui paraît n'être autre chose que des algues gigantesques ou des chaînes d'infusoires microscopiques, phosphorescents dans l'obscurité, qui serpentent parfois dans la mer sur une longueur de plusieurs centaines de mètres. Il convient d'y joindre, avec tous les honneurs qui leur sont dus, les crabes capables d'enlever du fond de la mer l'ancre d'un vaisseau de ligne et d'entraîner le navire à leur suite ; — les raies monstrueuses qui, planant au-dessus de la tête du plongeur, l'empêcheraient ainsi de remonter à la surface de l'eau et le dévoreraient ensuite, une fois asphyxié ; — d'autres encore qui demanderaient, rien que pour les énumérer, une revue générale de toutes les superstitions et de toutes les terreurs humaines.

Un certain nombre de poissons se rattachent aux monstres de la mer par une particularité singulière : nous voulons parler des poissons électriques. Rien d'analogue ne se rencontre chez les animaux terrestres. Voici comment Lacépède en parle à propos de la torpille, poisson de la famille des raies, fort commun sur les côtes de la Méditerranée et que l'on pêche également dans la Manche :

« La torpille, écrit le naturaliste, a reçu de la nature une faculté particulière bien supérieure à la force des dents, des dards et des autres armes dont elle aurait été pourvue : elle accumule dans son corps et fait jaillir le fluide électrique avec la rapidité de l'éclair ; elle imprime une commotion soudaine et paralysante au bras le plus robuste qui s'avance pour la saisir, à l'animal le plus terrible qui veut la dévorer ; elle engourdit pour des instants assez longs les poissons les plus agiles dont elle cherche à se nourrir; elle frappe quelquefois ses coups invisibles à une distance assez grande, et par cette action prompte et qu'elle peut renouveler, annulant les mouvements de ceux qui l'attaquent et de ceux qui se défendent contre ses efforts, on croit la voir réaliser au fond des eaux une partie de ces prodiges que la poésie et la fable ont attribués aux fameuses enchanteresses dont elles avaient placé l'empire au milieu des flots ou près des rivages... »

On a pu obtenir avec la torpille tous les phénomènes qui caractérisent la présence d'un courant électrique : étincelles lumineuses, réactions chimiques, aimantation du fer doux. L'identité du fluide émis par la torpille avec le fluide électrique est donc bien établie. Le savant anglais Walsh, qui a effectué sur cette question des expériences célèbres, a vu l'animal imprimer, dans l'espace d'une minute, jusqu'à cinquante commotions sensibles pour vingt personnes formant chaîne comme on le fait dans les expériences de physique amusante.

D'après M. Charles Robin, la raie ordinaire posséderait, quoique à un degré bien moindre, des propriétés analogues. La torpille n'est pas, au reste, le seul poisson électrique. On cite encore le gymnote, sorte d'anguille de couleur jaunâtre, longue de 2 mètres, répandue dans certaines rivières de l'Amérique du Sud et dont la décharge est capable de foudroyer et de renverser sous l'eau un étalon sauvage. Le silure ou malaptérure du Nil, le tétrodon sont aussi des poissons électriques.

CHAPITRE XII

LE FOND DES MERS

Configuration générale du sol sous-marin. — Appareils de sondage. — Utilité scientifique des explorations sous-marines. — Les mers primitives. — Théorie d'Adhémar. — Mouvements des côtes. — Iles nouvelles. — L'Atlantide. — Volcans sous-marins.

Longtemps l'homme, sans examen, a déclaré insondables les profondeurs de la mer.

L'océan s'étendant sans limites devant lui, la profondeur, d'autre part, autant qu'on pouvait le constater, s'accroissant à mesure qu'on s'éloignait des côtes, il était logique, alors, de parler de la mer « sans fond ».

Buffon, l'illustre précurseur de la science moderne, s'éleva l'un des premiers contre cette vieille croyance. Il crut pouvoir, d'après des calculs mathématiques, assigner aux mers une profondeur moyenne de 400 à 500 mètres. L'astronome Laplace l'évalua plus tard à 1.000 mètres. Alexandre de Humboldt, l'auteur du *Cosmos*, allait jusqu'à 1.800 mètres, toujours d'après des raisonnements abstraits. Résultats inexacts comme leur point de départ.

Les sondages opérés par les navigateurs n'étaient pas encore exécutés dans des conditions suffisamment scientifiques pour donner une base ferme au calcul. Ils ne sondaient guère d'ailleurs qu'en approchant des côtes ou dans les parages susceptibles de recéler des écueils.

De nos jours, la pose des câbles télégraphiques sous-marins

est venue donner un intérêt immédiat à la question des grandes profondeurs. A la suite des sondages multiples exécutés à cette occasion, le commandant Maury, le savant directeur de l'Observatoire de Washington, a pu dessiner les premières cartes donnant l'orographie, c'est-à-dire le relief du sol sous-marin de l'océan Atlantique. De même que, dans les cartes de l'état-major, on représente les accidents du sol terrestre au moyen de courbes, dites courbes de niveau, qui joignent entre eux tous les points à égale distance du niveau de la mer, de même, dans les cartes marines, on note la profondeur du sol en joignant par une ligne continue les points que les sondages effectués ont montré être à une même distance au-dessous du niveau des eaux. La ligne de sonde remplace le baromètre pour l'indication.

Les appareils employés dans les sondages doivent réunir plusieurs qualités assez difficiles à concilier. Ainsi, la ligne de sonde doit être solide pour pouvoir supporter la tension du poids dont on la charge ; et il convient qu'elle soit aussi fine que possible pour offrir moins de prise aux divers courants sous-marins qui tendraient à la faire dévier de la direction verticale.

Divers instruments ont été imaginés. Le plus simple, usité pour les profondeurs peu considérables, consiste en une tige de fer dont l'extrémité offre une cavité garnie de suif pour ramener une empreinte et même un échantillon du fond. Un autre appareil est le loch sondeur, où la ligne de sonde proprement dite passe sur un rouet fixé à une bouée flottante; ce système a l'avantage de donner des indications plus exactes malgré les mouvements de tangage et malgré la dérive que peut éprouver le navire. La sonde de Brooke a donné aussi de bons résultats : au moment du choc de la sonde sur le fond, le poids qui entraîne la ligne s'en détache automatiquement, et la différence de tension fait connaître au sondeur que la ligne a touché le fond. Enfin, différents appareils enregistrant eux-mêmes, au moyen de mécanismes particuliers, la longueur de ligne défilée ont été confectionnés par les chercheurs.

De l'ensemble des opérations effectuées, il semble résulter que le sol sous-marin offre sensiblement la même configuration, plaines, vallées, chaînes de montagne et grands pics isolés, que celle présentée par l'ensemble des terres. Peut-être toutefois les escarpements du sol sous-marin sont-ils moins prononcés que ceux des continents, par suite de l'action érosive des eaux. Les plus grandes profondeurs correspondent assez bien aux grandes élévations du sol terrestre. La sonde est descendue, au Sud du banc de Terre-Neuve, jusqu'à 8.500 mètres, alors que, dans la chaîne des monts Himalaya, le célèbre pic du Gaurisankar atteint 8.800 mètres d'altitude.

L'ensemble des inégalités de notre globe, suivant une comparaison souvent faite, ne présente, par rapport au globe lui-même, que l'importance minime des rugosités de la peau d'une orange par rapport à l'orange elle-même.

Quel est donc l'intérêt si grand qui s'attache à la connaissance du fond des mers ?

Scientifiquement, il est considérable.

Une faune, une flore tout autres que la faune et que la flore terrestres se développent au fond de l'océan. Les dernières explorations ont amené, sur ce point, des résultats extrêmement importants.

La connaissance de la constitution du sous-sol marin intéresse la géologie. Les couches, les strates, pour employer le terme scientifique, sont vraisemblablement la continuation des couches terrestres correspondantes. Déjà, jusque sous les mers, on a poursuivi des filons. La mine de houille de Botallak, dans le Cornwall, s'avance sous les vagues à plus de 400 mètres du rivage. D'audacieux esprits ont pu concevoir le projet d'un tunnel sous-marin reliant la France et l'Angleterre. L'entreprise ne sera pas impossible lorsque l'Angleterre, un peu plus soucieuse des intérêts de la paix, redoutera un peu moins une invasion militaire par ce tunnel. La Manche d'ailleurs mérite à peine le nom de mer : si quelque voleur facétieux prétendait cacher dans le Pas-de-Calais les tours de Notre-Dame, on verrait les clochers de la vieille basilique dominer de 15 mètres la hauteur des vagues étonnées.

La paléontologie, la science des races animales disparues, revendique les fonds de la mer comme lui appartenant. Il est intéressant de comparer avec les espèces fossiles certaines espèces vivant encore. Il y a là, selon une expression très juste de M. Jules Girard, une véritable autobiographie de la terre.

Il ne faudrait pas croire, en effet, que mers et terres se soient toujours présentées telles que nous les voyons aujourd'hui. En fouillant la terre habitée, on trouve dans la houille, dans la craie, dans les pierres mêmes, des traces irrécusables d'animaux marins. Paris tout entier est bâti sur une couche de calcaire formée exclusivement de débris de foraminifères, de diatomées, de globigérinées, etc., analogues aux espèces que l'on rencontre aujourd'hui encore au fond des mers.

« Les terrains les plus bas, les plus unis, écrit le grand naturaliste Cuvier dans son *Discours sur les révolutions du globe*, ne nous montrent, même lorsque nous y creusons à de très grandes profondeurs, que des couches horizontales de matières plus ou moins variées, qui enveloppent presque toutes d'innombrables produits de la mer. Des couches pareilles, des produits semblables composent les collines jusqu'à d'assez grandes hauteurs. Quelquefois les coquilles sont si nombreuses, qu'elles forment à elles seules toute la masse du sol ; elles s'élèvent à des hauteurs supérieures au niveau de toutes les mers, et où nulle mer ne pourrait être portée aujourd'hui par des causes existantes : elles ne sont pas seulement enveloppées dans des sables mobiles, mais les pierres les plus dures les incrustent souvent, et en sont pénétrées de toutes parts. Toutes les parties du monde, tous les hémisphères, tous les continents, toutes les îles un peu considérables présentent le même phénomène.

Le temps n'est plus où l'ignorance pouvait soutenir que ces restes de corps organisés étaient de simples jeux de la nature, des produits conçus dans le sein de la terre par ses forces créatrices; et les efforts que renouvellent quelques métaphysiciens ne suffiront probablement pas pour rendre de la faveur à ces vieilles opinions. Une comparaison scrupuleuse des formes de ces dépouilles, de leur tissu, souvent même de leur composition chimique ne montre pas la moindre différence entre les coquilles fossiles et celles que la mer nourrit; leur conservation n'est pas moins parfaite; l'on n'y observe le plus souvent ni destruction ni ruptures, rien qui annonce un transport violent; les plus petites d'entre elles gardent leurs parties les plus délicates, leurs crêtes les plus subtiles, leurs pointes les plus déliées : ainsi, non seulement elles ont vécu dans la mer, elles ont été déposées par la mer, c'est la mer qui les a laissées dans les lieux où on les trouve; mais cette mer a séjourné assez longtemps et assez paisiblement pour y former les dépôts si réguliers, si épais, si vastes, et en partie si solides que remplissent ces dépouilles d'animaux aquatiques... »

Non seulement la mer a séjourné sur des terres habitées aujourd'hui, mais encore, à diverses reprises, elle a fait irruption sur des points abandonnés par elle, tandis qu'en sens inverse, des terres immergées, soulevées par d'incommensurables forces, surgissaient de l'océan refoulé. Laissons ici encore la parole au grand naturaliste cité tout à l'heure :

« Ces irruptions, ces retraites répétées de la mer, écrit Cuvier, n'ont point toutes été lentes, ne se sont point faites toutes par degrés; au contraire, la plupart des catastrophes

qui les ont amenées ont été subites ; et cela est surtout facile
à prouver pour la dernière de ces catastrophes, pour celle qui,
par un double mouvement, a inondé et ensuite remis à sec
nos continents actuels, ou du moins une grande partie du sol
qui les forme aujourd'hui. Elle a laissé encore dans les pays
du Nord des cadavres de grands quadrupèdes que la glace
a saisis, et qui se sont conservés jusqu'à nos jours avec leur
peau, leur poil et leur chair. S'ils n'eussent été gelés aussitôt
que tués, la putréfaction les aurait décomposés. Et, d'un autre
côté, cette gelée éternelle n'occcupait pas auparavant les lieux
où ils ont été saisis ; car ils n'auraient pas pu vivre sous une
pareille température.

C'est donc le même instant qui a fait périr les animaux, et
qui a rendu glacial le pays qu'ils habitaient. Cet événement a
été subit, instantané, sans aucune gradation, et ce qui est si
clairement démontré pour cette dernière catastrophe ne l'est
guère moins pour celles qui l'ont précédée. Les déchire-
ments, les redressements, les renversements des couches plus
anciennes ne laissent pas douter que des causes subites et violentes ne les aient mises en l'état où nous les voyons ; et
même la force des mouvements qu'éprouve la masse des eaux
est encore attestée par les amas de débris et de cailloux roulés
qui s'interposent en beaucoup d'endroits entre les couches
solides. La vie a donc souvent été troublée sur cette terre par
des événements effroyables. Des êtres vivants sans nombre ont
été victimes de ces catastrophes ; les uns, habitants de la terre
sèche, se sont vus engloutis par les déluges ; les autres, qui
peuplaient le sein des eaux, ont été mis à sec avec le fond des
mers subitement relevé ; leurs races mêmes ont fini pour jamais,
et ne laissent dans le monde que quelques débris à peine recon-
naissables pour le naturaliste. »

Une théorie célèbre, connue sous le nom de théorie d'Adhémar — du nom du physicien qui l'a émise et défendue avec

30

le plus d'éclat, — affirme la périodicité de ces déluges et
les rattache au phénomène astronomique de la précession
des équinoxes (déplacement de l'axe de la terre). Tous les
10.500 ans, le centre de gravité de la terre déplacé entraîne-
rait une irruption générale des eaux sur les terres habitées. Il
resterait encore, aujourd'hui, à notre civilisation, 6.300 ans
environ à vivre sur le domaine qu'elle occupe et qu'elle em-
bellit. Est-ce à dire que le genre humain disparaîtrait dans ce
cataclysme, à moins qu'un nouveau Deucalion, qu'un nouveau
Noé, père de l'Arche, n'en guidât vers les terres naissantes les
derniers rejetons épouvantés ? La débâcle, en tout cas, peut
paraître assez éloignée de l'heure présente pour ne pas inquiéter
outre mesure nos esprits.

Les mouvements, très lents d'ailleurs, d'exhaussement et
d'affaissement de certaines parties du littoral de notre continent, l'apparition soudaine d'îles que l'on voit émerger tout
à coup des profondeurs des mers, sont d'un intérêt plus actuel.
C'est ainsi que, de nos jours, on constate que la côte du Chili
et celle du Labrador se soulèvent, tandis que celle du Brésil
et la partie occidentale du littoral du Groenland s'affaissent par
rapport au niveau de la mer. Les exemples, anciens ou modernes, abondent quant aux îles. L'île de Thérasie (aujourd'hui
Santorin) serait née de la Méditerranée au temps où Sénèque
écrivait. D'après Pline, Rhodes et Délos auraient une origine
analogue. Mais la plupart du temps ces îles disparaissent
comme elles ont paru. En 1628, une terre volcanique, de près
de 18 kilomètres de longueur dans son plus grand diamètre,
surgit subitement des flots, puis s'abîma. L'île Julia parut en
1831 près de la Sicile et s'engloutit six mois après.

La fameuse Atlantide dont Platon, d'après Solon et les
Egyptiens, rapporte la disparition sous l'Atlantique, semble
être une de ces îles d'origine volcanique, agrandie aux dimensions d'un continent par l'imagination des anciens. Certains

voyageurs modernes ont cru cependant à ces dimensions continentales : les îles Canaries (anciennes Iles Fortunées), les Açores, les îles du cap Vert seraient les derniers sommets émergents du continent englouti. Les bizarres statues qui bordent les côtes de l'île de Pâques et que l'absence totale de sentiment artistique chez les peuplades actuelles de l'île ne permet pas de leur attribuer, seraient, dans cette théorie, les derniers vestiges de la civilisation disparue.

Bailly a combattu le roman de l'Atlantide.

L'éruption des volcans sous-marins, signe précurseur parfois du soulèvement d'une île nouvelle, s'annonce par des trépidations imprimées au navire qui se trouve passer au-dessus de la zone de conflagration. Les relations des marins comparent les secousses ressenties à celles qu'éprouve un vaisseau en talonnant sur un banc de sable.

CHAPITRE XIII

LE FOND DES MERS (suite)

Féeries sous-marines. — Plongeurs. — Cloche à plongeur. — Scaphandre.
Bateaux-sous-marins.

Rien n'égale la splendeur des bas-fonds de la mer des Indes, où croissent des êtres merveilleux, beaux de la beauté des animaux et de celle des fleurs.

« Si nous plongeons nos regards dans le liquide cristal de l'Océan Indien, dit Schleiden, nous y voyons réalisées les plus merveilleuses apparitions des contes féeriques de notre enfance; des buissons fantastiques portent des fleurs vivantes; des massifs de Méandrines et d'Astrées contrastent avec les Explanarias touffus, qui s'épanouissent en forme de coupes, avec les Madrépores à la structure élégante, aux ramifications variées. Partout brillent les plus vives couleurs; les verts glauques alternent avec le brun et le jaune, de riches teintes pourprées passent du rouge vif au bleu le plus foncé. Des Nullipores roses, jaunes ou nuancées comme la pêche, couvrent les plantes flétries et sont elles-mêmes enveloppées du tissu noir des Rétépores, qui ressemblent aux plus délicates découpures d'ivoire. A côté se balancent les éventails jaunes et lilas des Gorgones, travaillés comme des bijoux de filigrane. Le sable du sol est jonché des débris de milliers d'oursins et d'étoiles de mer, aux formes bizarres, aux couleurs variées. Les Flustres, les Escares s'attachent aux branches de corail comme des mousses et des lichens, et les Patelles striées de jaune et de pourpre s'y fixent comme de grandes corbeilles. Semblables à de gigantesques fleurs de cactus, brillantes des plus ardentes couleurs, les anémones marines ornent les anfractuosités des roches de leurs couronnes de tentacules, ou s'étendent au fond, comme un parterre de renoncules variées. Autour des buissons de corail, jouent les colibris de l'océan, petits poissons étincelants, tantôt d'un éclat métallique rouge ou bleu, tantôt d'un vert doré ou du plus éblouissant reflet d'argent.

« Légères comme les esprits de l'abîme flottent les clochettes blanches ou bleuâtres des Méduses à travers ce monde enchanté. Ici se poursuivent l'Isabelle violette et vert d'or ; là serpentent, à travers les massifs, les bandes marines, comme de longs rubans d'argent aux reflets roses et azurés, la Némerte, la Sépia resplendissantes des couleurs de l'arc-en-ciel, qui tour à tour s'entre-croisent, brillent ou s'effacent.

« Et toute cette vie merveilleuse nous apparaît au milieu des plus rapides alternatives de lumière et d'ombre qu'amène chaque souffle, chaque ondulation qui ride la surface de l'océan. Lorsque le jour décline et que les ombres de la nuit descendent dans les profondeurs, ce jardin radieux s'illumine de splendeurs nouvelles. Des Méduses, des crustacés microscopiques semblables à des lucioles font étinceler les ténèbres. Chaque coin rayonne... »

Comment descendre au fond des mers pour y admirer ces floraisons miraculeuses, ou, dans un but plus pratique, pour y pêcher la perle et le corail ? Comment surtout en remonter vivant ?

Un procédé simple est celui des plongeurs. L'homme, ou bien plonge sous l'eau sans l'emploi d'aucune aide, ou bien empoigne des deux mains une longue corde terminée par une très lourde pierre sur laquelle il pose les deux pieds. Le poids l'entraîne rapidement au fond, et des camarades surveillent la corde pour pouvoir ramener au besoin le plongeur à la surface.

La cloche à plongeur nous offre un appareil d'une simplicité moins rudimentaire et d'une utilité plus certaine. Si rompu qu'il soit à son pénible travail, un plongeur ne peut, sans danger pour sa vie, rester plus de quelques minutes sous l'eau. Le travail utile qu'il peut y accomplir est donc très minime.

La cloche à plongeur se compose essentiellement d'une caisse en fer approximativement cubique, ouverte à sa partie inférieure, et dont la partie supérieure est fermée par une plaque métallique épaisse dont le poids suffit à faire enfoncer l'appareil, malgré la pression de l'air que l'eau refoulée comprime à l'intérieur. On a soin d'y ménager plusieurs ouvertures que l'on ferme au moyen de plaques épaisses de verre pour laisser pénétrer la lumière ; néanmoins, on est souvent forcé de recourir à une source lumineuse artificielle, des lampes électriques, par exemple. Enfin, un tube élastique creux, traversant la paroi supérieure de la cloche et s'élevant jusqu'à la surface, permet d'envoyer aux plongeurs, au moyen d'une pompe spéciale, l'air nécessaire à leur respiration. L'air vicié s'échappe par le bas de la cloche.

Tout le système est attaché par de grosses chaînes à une grue qui permet de l'immerger ou de le retirer de l'eau à volonté.

La cloche à plongeur présente ce principal inconvénient de limiter trop étroitement l'espace où peuvent travailler les hommes.

Le scaphandre a été inventé pour donner aux ouvriers une liberté de mouvements aussi grande que possible.

Le plongeur revêt d'abord un habit imperméable en toile caoutchoutée, fait d'un seul morceau, et qu'il endosse comme s'il se mettait dans un sac. Ce vêtement recouvre le corps tout entier, des pieds à la naissance du cou. La tête est enfoncée

dans une sorte de casque ou de masque percé de diverses
ouvertures closes par des plaques de verre permettant de voir
de tous côtés. Un premier tube, fermé par une soupape s'ouvrant du dedans au dehors, livre passage à l'air expiré. Un
second tube met en communication le casque avec un réser-
voir d'air, placé comme un sac de soldat sur le dos du plongeur, et dans lequel une pompe manœuvrée par les compagnons du plongeur
envoie l'air néces-
saire à la respi-
ration. Enfin, de
lourdes chaussu-
res à semelles de
plomb complètent
l'équipement. Sans
elles, la poussée de
l'eau ferait remon-
ter l'homme à la surface. Les plongeurs utilisent cette poussée :
en cas d'accident, ils se débarrassent instantanément de leurs
chaussures et remontent aussitôt. Mais il faut un accident
grave ou un danger sérieux ; à moins de nécessité absolue, un
plongeur doit être remonté lentement. La mort instantanée
pourrait être le résultat d'une précipitation excessive. L'expérience l'avait montré depuis longtemps, et M. Paul Bert en a
donné la raison. La pression de l'eau cessant de s'exercer,
l'air dissous dans le sang du plongeur se dégage subitement et
en assez grande abondance pour occasionner parfois un arrêt
dans la circulation et une syncope mortelle.

La pêche du corail, des perles, de l'éponge, la visite de la
coque des navires, l'étude des passes dangereuses sont singulièrement facilitées par cet appareil. La victoire n'est pas
encore complète cependant, car la profondeur accessible n'ex-
cède guère soixante mètres, ce qui correspond déjà à une
pression de plus de 7 atmosphères.

On a, par une autre voie, essayé de faire mieux : nous voulons parler des bateaux sous-marins.

La construction de navires capables de s'enfoncer, de remonter, de se mouvoir à volonté dans l'eau, présente de grandes difficultés. Les premiers essais paraissent remonter au XVIe siècle et sont dus à Cornelius Van Drebbel. Le roi Jacques Ier d'Angleterre monta lui-même dans le bateau plongeur essayé sur la Tamise en 1620 par ce savant. Ce bateau était mû à la rame.

Dionis, en 1772, Fulton, en 1800, le docteur Payerne, en 1846, expérimentèrent divers systèmes de bateaux sous-marins. Dans le système du docteur Payerne, l'immersion ou l'ascension du bateau s'obtient au moyen de pompes qui font entrer l'eau dans des sortes de chambres aménagées à cet effet, ou bien expulsent cette eau et la remplacent par de l'air. Le propulseur comprend une hélice et deux aubes. L'ensemble du système offre l'aspect d'un œuf long de 9 à 10 mètres sur un diamètre maximum de $2^m,80$ à 3 mètres.

Aujourd'hui encore, malgré les résultats encourageants obtenus dans cette voie, le bateau-poisson reste à découvrir. On ne peut considérer comme tels les bateaux torpilleurs, *le Goubet*, inventé en 1886, et *le Gymnote*, ainsi nommé parce qu'il emprunte à l'électricité sa force motrice, expérimenté le 17 novembre 1888 à Toulon, par exemple. Ce dernier bateau, en effet, qui résume les progrès accomplis, ne s'est pas enfoncé, dans les expériences officielles, au-dessous de 7 mètres. C'est assez pour un torpilleur ; mais il faudrait que ce type de bateau fût considérablement perfectionné et agrandi pour être scientifiquement utile à quelque chose.

La profondeur d'immersion possible devrait être presque décuplée pour que le bateau plongeât aussi profondément qu'un scaphandrier, et centuplée pour qu'il se prêtât à des observations neuves.

CHAPITRE XIV

LE FOND DES MERS (SUITE)

Les mollusques à perles. — L'avicule. — Sa pêche. — Une légende orientale. — Formation des perles. — Leur forme et leur couleur. — La perle de Cléopâtre. — Henri III. — Buckingham. — Une recette bizarre. — Industrie des perles. — Nacre. — Mulettes. -- Perles fausses.

Les mollusques qui produisent les perles recherchées sont au nombre d'une vingtaine d'espèces, toutes cantonnées dans les mers chaudes. La plus communément pêchée est l'avicule mère-perle, mollusque bivalve et acéphale comme l'huître, dont le nom latin d'*avicula* (littéralement petit oiseau) lui a été donné parce que ses écailles écartées ressemblent plus ou moins à des ailes.

L'avicule forme des bancs de plusieurs lieues à Ceylan. On la trouve également en abondance dans le golfe Persique, dans la mer des Antilles, sur les côtes d'Arabie. Les anciens donnaient aux perles le nom de pierreries de la mer Rouge.

La pêche des avicules est faite par des plongeurs. On commence aussi à employer les scaphandres.

L'esprit poétique des Orientaux a expliqué la naissance des perles par une gracieuse légende.

« Un jour, dans les flots salés de l'océan, tomba des nuages du ciel une goutte d'eau pure.

31

« Comme rien n'en avait altéré la lumineuse fraîcheur, les vagues amères, jalouses, se soulevèrent en furie pour l'écraser de leurs masses.

« La goutte d'eau s'enfonça sous les flots. Elle sombrait, tantôt avec lenteur, tantôt avec la rapidité d'une pierre.

« Mais elle pensait :

« — Je suis fille du Soleil ; mon père me protège ici.

« Et toujours elle plongeait, dédaignée des poissons voraces aux écailles d'argent, méprisée des algues vertes, inaperçue des fleurs vivantes qui palpitent au fond des gouffres, repoussée même des rochers qui se lèvent de l'abîme pour faire échouer les vaisseaux.

« — Qui m'accueillera ? songeait-elle, lasse de son long voyage.

« — Prends mon amertume, dit la vague. Tu seras le grand océan.

« — Tu seras ma nageoire luisante, ajouta le Seigneur des flots, le Requin.

« — Tu seras notre chair, reprirent les actinies et les hydres.

« — Tu seras ma force, gronda l'écueil.

« Mais la goutte d'eau pure préférait s'enfoncer toujours dans les ondes froides, loin du jour et de la lumière, plutôt que de renoncer à son origine ; et elle vint, suivant sa destinée, se poser sur une humble coquille, terne et grisâtre d'aspect, qui referma sur elle ses valves compatissantes.

« Alors la joie insolente des vagues éclata : « Elle est perdue, pensaient-elles, un être misérable a dévoré l'orgueilleuse. »

Toutes riaient de fureur, et leur rire mettait une écume blanche à la surface du flot, lorsque l'huître rouvrit ses écailles closes.

« Le prodige était accompli. Les parois intérieures de la coquille terne brillaient d'une lueur douce, irisée et chan-

geante comme les teintes de l'arc-en-ciel ; dans cette lueur
féerique, la goutte d'eau, fille du Soleil, reposait, devenue la
Perle. »

Pour le chimiste, moins épris de merveilleux, la perle est
un carbonate de chaux, très dur et très brillant. Une seule
différence la sépare de la nacre, c'est que la nacre garnissant
l'intérieur des valves du mollusque fait partie intégrante de
ses coquilles, quand la perle, au contraire, se présente sous la
forme d'un globule totalement indépendant que l'animal
sécrète soit — lorsque sa coquille se trouve perforée — pour
boucher le trou produit, soit pour recouvrir les corps étrangers, grains de sable ou autres, introduits accidentellement
entre les valves et dont les aspérités seraient susceptibles de
blesser le mollusque. Les Chinois ont utilisé d'une façon
curieuse cette dernière origine de la perle pour faire exécuter
à l'animal de véritables camées de nacre : il suffit d'introduire
entre les plis du manteau du mollusque de petites lamelles
métalliques portant, gravées en relief, la figure que l'on veut
obtenir.

Les perles sont en général de forme plus ou moins ovoïde.
Elles présentent un éclat irisé, un *orient* caractéristique. On
en a compté jusqu'à 77 dans une seule coquille. On en trouve
de blanches, de roses, de vertes, de bleues, de jaunes, de
grises et même de noires. Ces dernières, extrêmement rares,
atteignent des prix beaucoup plus élevés que les autres. Il y a
là, du reste, une question de mode.

Les perles sont recherchées comme parure depuis un temps
immémorial. Tout le monde connaît l'anecdote du souper
donné par Cléopâtre à Antoine, où la reine d'Égypte aurait
fait dissoudre dans du vinaigre et avalé une perle infiniment
précieuse, puisque Pline en évalue la valeur à une somme qui

représenterait aujourd'hui cinq millions de notre monnaie. Le récit de Pline n'explique pas comment un acide assez puissant pour dissoudre une perle pouvait être absorbé sans danger.

Aux temps modernes, la passion des perles a été poussée fort loin. Les rois d'Espagne en portaient aux oreilles, et

Henri III de France pareillement. On sait comment le fastueux duc de Buckingham trouva le moyen de signaler sa munificence à la cour d'Anne d'Autriche ; il arriva au bal avec un habit couvert de perles magnifiques, négligemment attachées à des fils qui ne manquèrent pas de se rompre aux mouvements de la danse. Les nobles dames de ce temps ne dédaignèrent pas de se baisser pour recueillir les perles éparpillées, que sir Georges Williers de Buckingham leur abandonna d'un geste de grand seigneur.

Il arrive que des perles, pour des causes encore mal connues, perdent tout à coup leur orient. Pour leur rendre leur éclat, certains pays ont recours à un procédé bizarre dont voici la recette : faire avaler la perle par un volatile quelconque,

pigeon ou poulet le plus souvent, et sacrifier le sujet une
minute après cette ingurgitation de luxe. On explique le
résultat obtenu par les frottements que subit la perle dans
l'estomac de l'oiseau, et peut-être aussi par l'action du suc
gastrique.

Une fois extraites des avicules, les perles, soigneusement
lavées, sont polies avec de la poudre de nacre et livrées ensuite
au commerce et à l'industrie.

Suivant leur grosseur, les perles ou bien sont laissées telles
quelles (les plus belles), ou bien sont percées au moyen d'un
poinçon et mises en chapelet : c'est le cas pour les petites et
les moyennes. Les Chinois ont acquis dans ce travail une réputation de véritable habileté. Un ouvrier adroit arriverait à
forer 600 perles moyennes ou 300 petites perles dans sa journée. Ces résultats, assurément remarquables, n'ont rien de
surprenant. On sait qu'autrefois des enfants étaient chargés,
dans nos grandes fabriques, de percer au marteau la tête, le
chas des aiguilles. Or, il n'était pas rare de les voir exécuter
devant les visiteurs le tour d'adresse suivant : percer, d'un
coup de leur maillet, un cheveu de part en part, et passer, le
trou étant presque invisible, un second cheveu par la fente du
premier.

Les plus petites perles, connues sous le nom de *semence,*
servent, en Espagne notamment, à broder des ornements
d'église. Dans certaines contrées d'Orient, on les emploie à
décorer des armes, des harnachements de chevaux ou même
les vêtements des hauts dignitaires du pays.

La nacre irisée de certains coquillages est employée elle-
même dans les ouvrages de marqueterie et de bijouterie, pour
incruster des meubles, par exemple. Les pintadines, les halio-
tides, les sabots, les nautiles sont les plus recherchées parmi
les coquilles productrices.

Certains mollusques d'eau douce produisent des perles, d'ordinaire sans valeur. Il faut faire exception toutefois pour les mulettes, qui en donnent d'assez belles. On pêche les mulettes principalement en Ecosse, dans le lac de Tay, mais il y en a aussi en France, notamment dans la Charente et dans les affluents de cette rivière. Les habitants du pays les nomment des palourdes.

L'homme paraît avoir, anciennement, possédé des pêcheries fructueuses de mollusques perliers. En Saxe, par exemple, le droit de procéder à leur exploitation était au nombre des privilèges réservés à la couronne. Toute cette industrie menace de disparaître aujourd'hui, bien qu'on étudie dans divers pays les moyens de cultiver artificiellement la mulette perlière.

Dans l'industrie, on imite les perles de diverses façons. La plus commune consiste à remplir un globule de verre d'une substance nacrée que l'on extrait des écailles de l'ablette, un petit poisson d'un blanc argenté commun dans nos rivières.

L'invention de ce procédé remonte au milieu du xviie siècle, et est généralement attribuée à un marchand parisien nommé Jannin ou Jaquin.

CHAPITRE XV

LE FOND DES MERS (suite)

Les zoophytes. — Echinodermes. — Acalèphes. — Eponges. — Pêche de l'éponge. — Divers usages de l'éponge. — Polypes. — Le corail. — Les fleurs du corail. — Usages du corail. — Pêche du corail. — Les madrépores. — Les faiseurs de monde. — Iles madréporiques.

Placés au plus bas degré du règne animal, les zoophytes (animaux-plantes) ou rayonnés comprennent des êtres très divers répartis en plusieurs classes dont les principales sont les échinodermes, les acalèphes, les spongiaires et les polypes.

Aux échinodermes (de deux mots grecs : *échinos*, hérissé, *derma*, peau) appartiennent les astéries, si communes sur nos côtes, et dénommées souvent étoiles de mer à cause de leur corps, formé de cinq rayons à peu près réguliers convergeant vers un cercle commun. Les étoiles de mer sont carnassières ou mieux piscivores. Leur estomac digère et rejette ce que l'animal n'a pu s'assimiler. L'astérie, souvent mutilée, possède la précieuse propriété de reproduire les membres qui lui ont été arrachés.

A côté des étoiles de mer se rangent les oursins, couverts d'un test hérissé de piquants articulés, mobiles au gré de l'animal, qui ressemble ainsi à une grosse châtaigne dans sa coque, et les holothuries, que les Chinois dégustent avec délices sous le nom de *trépang*.

Les acalèphes comprennent divers animaux au corps en général bleuâtre, mou, transparent, dont le contact occasionne une sensation cuisante fort désagréable, d'où leur nom populaire d'orties de mer, traduction littérale de leur dénomination scientifique (*Acaléphé*, ortie). Les méduses, au corps en forme d'ombrelles frangées en quelque sorte de longs tentacules qui sont les bras de l'animal, phosphorescent la nuit, les physalies, munies d'une sorte de vessie natatoire qui leur permet de flotter à leur gré, sont des acalèphes.

Les spongiaires comprennent les éponges de mer et les spongilles d'eau douce.

Les éponges ont longtemps exercé la perspicacité des naturalistes. Végétal ou animal? Cette dernière opinion a prévalu.

La larve de l'éponge possède la faculté de se mouvoir dans l'eau au moyen de cils vibratiles. Elle en profite bien vite pour aller se fixer quelque part.

On reconnaît dans une éponge qui vient d'être arrachée du fond de la mer deux matières bien diverses.

La première, une sorte de gelée nommée *sarcode,* enveloppe toute l'éponge : c'est la chair vive de l'animal, si l'on peut s'exprimer ainsi. La deuxième est une espèce de feutre élastique, criblé de trous, les uns très fins, appelés pores, les autres, plus grands, nommés *oscules*. Cette seconde matière se trouve seule dans l'éponge livrée au commerce. Elle remplace dans l'être vivant les rameaux de carbonate de chaux du polypier.

Les spongilles d'eau douce ne sont pas employées par l'industrie. Parmi les éponges marines, les unes sont de dimensions restreintes, microscopiques mêmes, les autres, la *Coupe de Neptune*, par exemple, ainsi dénommée à cause de son aspect général, atteignent jusqu'à 2 mètres de hauteur sur un diamètre à peu près égal. Les diverses variétés portent des noms qui en caractérisent généralement la forme : trompette de mer, manchons, cierges, etc. On trouve des éponges dans l'Atlantique, le golfe du Mexique, la Méditerranée. Celles des mers chaudes sont de grande taille, mais grossières et communes. Celles de la Méditerranée, plus petites, plus rares, sont aussi plus fines. Les éponges de Syrie valent de 100 à 150 francs la pièce.

En Syrie, les éponges sont pêchées par des plongeurs armés de couteaux qui les coupent à leur pied. Des femmes parfois exercent ce pénible travail. En Morée, on les pêche à la drague, comme les huîtres. Ce procédé a l'inconvénient de les déchirer.

Avant d'être livrées au commerce, les éponges sont pressées entre les mains, foulées aux pieds, et lavées abondamment à l'eau de mer et à l'eau douce pour les débarrasser de la matière animale qu'elles contiennent. On les passe ensuite à l'eau chaude pour enlever leur mauvaise odeur.

L'usage de l'éponge comme objet de toilette remonte à la plus haute antiquité. Homère en parle dans l'*Iliade* et dans l'*Odyssée*. Mais l'élasticité et la porosité du tissu permettent de l'employer en bien d'autres circonstances. La médecine l'utilise pour l'arrêt des hémorrhagies; on en fait des sommiers dans la literie, etc.

Les polypes sont des animaux isolés ou groupés. Parmi les espèces isolées, on peut citer les actinies, si semblables à des

32

fleurs vivantes, en dépit de leurs mœurs carnassières, qu'on les nomme les anémones de la mer. Les polypes associés comprennent notamment le corail, les madrépores, les pennatules, réunies, comme le nom l'indique, en forme de plumes (*penna,* plume, en latin), les sertulaires (d'un mot latin qui signifie bouquet), l'éventail de mer, les tupiborides ou corailmusique, ainsi nommées parce que l'assemblage des tubes calcaires où vit chacun des associés donne au groupement général l'aspect des tuyaux d'orgues de nos cathédrales, etc.

Les coraux, comme tous les polypes groupés, réalisent l'idéal du familistère rêvé par Fourier. Pris individuellement, chaque polype est un animal distinct, logé dans une enveloppe calcaire qu'il sécrète lui-même et d'où émergent les tentacules de l'animal qui peut, à volonté, les replier ou les étendre. Par rapport à la collectivité, ce n'est plus qu'une fraction du tout, si intimement associée à la vie commune, que des communications d'estomac existent de tous à chacun et de chacun à tous.

Le corail a été pendant fort longtemps considéré comme un végétal qui, retiré des flots, se pétrifiait subitement au contact de l'air. Le botaniste Tournefort le classait entre les fucus et les algues, et Marsigli devint célèbre au commencement du xviiie siècle pour avoir découvert ce qu'il appelait les *fleurs du corail.* Ayant placé un rameau de corail, immédiatement après qu'il eût été pêché, dans un bocal plein d'eau de mer, il vit s'épanouir, à l'extrémité des branches, des sortes d'étoiles blanchâtres à huit branches qu'il prit pour des fleurs.

Ce n'est qu'en 1725 qu'un médecin français, Peyssonnel, y reconnut des animaux inférieurs, et plus tard encore qu'on se décida à admettre que le corail avait sous les flots la même dureté qu'à l'air libre.

Le corail a été employé de tout temps comme objet de luxe et de parure. Orphée en parle dans ses chants. Plus tard, les Gaulois en portèrent pour se rendre invulnérables. Les Italiens modernes s'en servent comme d'un spécifique contre le « mauvais œil ». La médecine au moyen âge en faisait un usage tout aussi peu rationnel.

On trouve le corail dans un grand nombre de mers, et notamment sur les côtes de la Méditerranée. Le meilleur se pêche à une profondeur de 30 à 40 mètres. Très souvent, il occupe la voûte des cavernes sous-marines, et semble ainsi croître de haut en bas. Le corail grandit pendant une dizaine d'années ; aussi les pêcheurs de Messine ont-ils divisé en dix cantons leur territoire de pêche pour en exploiter un chaque année.

Les bateaux pêcheurs sont montés par cinq ou six hommes. L'appareil employé s'appelle un *engin*. Il se compose de deux morceaux de bois en croix, chaque branche longue de deux mètres environ. Cette croix est chargée en son centre d'une pierre ou d'un morceau de plomb pour la faire enfoncer. A chacun des quatre bras est fixée une forte corde de 7 à 8 mètres de longueur qui porte six filets régulièrement disposés. Ces filets, appelés *fauberts,* sont tressés avec une ficelle de la grosseur du petit doigt, et les mailles en ont environ un décimètre de largeur. Au centre de la croix est attachée une cinquième corde portant également de six à huit fauberts et que l'on nomme *queue du purgatoire.* L'engin comporte donc en tout une trentaine de filets.

La recherche des bancs de corail est assez difficile. Fréquemment les pêcheurs se servent d'un long tube terminé par une plaque de verre qu'ils plongent dans l'eau pour regarder au travers. Sans l'emploi de ce tube, les rides produites à la surface de l'eau par les vagues, le scintillement du soleil, la réflexion du ciel et des nuages empêcheraient de rien distinguer.

Lorsqu'on a trouvé un banc, on lance l'engin à la mer. Les branches du polypier s'engagent dans les mailles des filets, et, en les retirant, on arrache le tout. Cette opération est extrêmement pénible. « Il faut avoir été voleur ou assassin pour se faire pêcheur de corail, » dit un proverbe italien aussi excessif qu'expressif.

Un bateau bien conduit peut récolter de 150 à 300 kilogrammes de corail par jour.

Les coraux sont très variables de forme et de couleur. La teinte varie du blanc pur au rouge écarlate. Le plus rare est le corail vermeil.

Presque tout le corail se taille à Naples, à Livourne, à Gênes, à Alger et à Bône. Il y a quelques fabriques à Paris.

Les madrépores présentent encore plus d'intérêt que les polypes du corail. C'est à tort qu'on les réunit souvent sous le même nom. Les madrépores proprement dits, « les faiseurs de mondes, » suivant le mot de Michelet, se trouvent seulement dans les mers les plus chaudes, presque exclusivement dans la zone délimitée par les tropiques, tandis que le corail, au contraire, se rencontre jusque sur les côtes de France.

La multiplication prodigieuse des madrépores va jusqu'à créer des terres nouvelles. L'océan Pacifique, dans les régions voisines de l'Australie, est parsemé de ces écueils vivants, que les navigateurs signalent par des points d'interrogation sur les cartes, car comment indiquer des dimensions constamment variables?

On a conservé aux îlots d'origine madréporique leur nom indien d'*attols*.

La croissance du polypier s'arrête nécessairement au niveau des eaux. Les polypes eux-mêmes ne peuvent guère vivre plus bas qu'à 40 mètres au-dessous de ce niveau. Ces fleurs vivantes ont besoin de la lumière du soleil. Cependant, on constate la présence de polypiers à des profondeurs de beaucoup supérieures. Darwin, pour l'expliquer, admet un affaissement progressif des bas-fonds.

Pour des raisons mal connues, les associations de madrépores affectionnent certaines formes de groupement. Fréquemment, elles se développent suivant un arc de cercle régulier dont les bords finissent par se rejoindre. Tantôt le centre forme un petit lac, tantôt lui-même arrive à s'exhausser au niveau des eaux et à constituer une île. Une forme plus singulière peut-être est celle de longues digues parallèles aux côtes. Une barre de plus de 140 lieues défend ainsi l'abord de la côte orientale de la Nouvelle-Calédonie. Cent quarante lieues, c'est déjà quelque chose ; mais que dire à côté de la ligne de récifs qui borde la côte Nord-Est de l'Australie sur une étendue de seize cents kilomètres !

D'après Darwin, divers poissons se nourriraient de madrépores. Les holothuries les apprécieraient également comme menu.

Le même naturaliste a rencontré aux îles Kelling, dans l'océan Indien, des polypes du genre millepore, analogues aux coraux, dont le contact occasionnerait une piqûre semblable à celle de l'ortie.

Michelet, après avoir dépeint la formation des îles madréporiques et le rôle que peut jouer la tempête dans la transformation de ces rochers incultes, en y transportant des semences végétales, prête aux créateurs de ces îles, « les innocents faiseurs d'écueil, » le magnifique langage suivant :

« Donnez-nous le temps, répondent aux accusations les polypes. Ces bords, adoucis peu à peu, deviendront hospitaliers. Laissez-nous faire. Les bancs liés aux bancs voisins n'auront plus ces remous terribles. Nous vous faisons un monde de rechange pour le cas où périrait le vôtre ! Vous nous bénirez peut-être s'il vient un cataclysme, si, comme l'a dit quelqu'un, la mer verse d'un pôle à l'autre tous les dix mille ans. Vous vous tiendrez fort heureux de trouver là vos îles australes où nous vous aurons fait un refuge. »

Peut-être, après tout, les choses se passeront-elles ainsi — dans dix mille ans.

CHAPITRE XVI

LA VIE DANS LES ABÎMES SOUS-MARINS

Explorations sous-marines. — Le chalut et la drague. — Poissons vivant à
5.000 mètres de profondeur. — Crustacés. — Zoophytes. — Conquête d'un
monde nouveau. — Algues. — La mer des Sargasses. — Espèces crues éteintes et
retrouvées vivantes au fond de la mer.

Ce n'est que depuis peu d'années que l'on a reconnu
l'existence d'organismes animés dans les abîmes sous-marins.
Jusque-là, on affirmait que l'absence d'oxygène et de lumière,
jointe à l'énormité de la pression de l'eau, devait rendre
toute vie animale impossible au-dessous d'un certain niveau.

L'expérience démontra le contraire. Relevé en 1861, le
câble télégraphique sous-marin, immergé à des profondeurs
dépassant 2.000 mètres, qui reliait la Sardaigne à Bône
(Algérie), fut trouvé couvert d'un grand nombre d'espèces
animales, les unes inconnues, les autres dont on ne connais-
sait que les types fossiles.

Cette découverte en fit espérer de nouvelles. Des expéditions furent organisées. Celles du *Challenger*, navire anglais,
du *Travailleur* et du *Talisman*, bâtiments français, sont les
plus importantes.

Les principaux engins de capture furent le *chalut*, sorte de
long filet à mailles très fines, et la drague, déjà décrite, à
laquelle on ajoutait des touffes de chanvre destinées à accrocher la carapace des crustacés, les étoiles de mer, les co-

raux, etc. Pour éviter les ruptures qu'auraient pu provoquer des secousses brusques, on avait intercalé dans la ligne soutenant l'appareil de sondage un faisceau de câbles en caoutchouc vulcanisé qui s'allongaient en amortissant ainsi le choc. La ligne se remontait au moyen d'un treuil à vapeur installé sur le pont.

Une fois la drague à bord, on en vidait le contenu sur une sorte de cadre garni au fond d'un treillage métallique qui rendait plus facile l'examen et le classement des spécimens ramenés par l'appareil.

Par des profondeurs supérieures à 5.000 mètres, on a trouvé des êtres vivants, des poissons mêmes, et non pas seulement des infusoires, bien que l'on puisse dire qu'en général la taille des êtres diminue à mesure qu'augmente la profondeur à laquelle on descend.

Nombreuses sont les différences entre les poissons des abîmes et ceux de la surface ou des profondeurs moyennes. Organisés pour vivre dans des milieux divers, leur existence ne pouvait du reste se concevoir que par l'adaptation des organes à l'habitat.

Les poissons des grandes profondeurs n'ont pas, en général, la large nageoire caudale de leurs congénères des régions supérieures. Des mâchoires formidables et formidablement armées, des estomacs d'une capacité énorme comparée au volume de l'animal, peuvent être regardés comme un caractère général de ces poissons.

Voici l'*Eurypharynx pelecanoïdes*, dont la mâchoire inférieure porte une poche semblable à celle du pélican. On l'a capturé sur les côtes du Maroc, par delà 2.000 mètres de profondeur. Voici le *Macrubus globiceps* aux yeux énormes, semblables à ceux des oiseaux de proie nocturnes, destinés à recueillir plus aisément les vagues rayons de lumière diffuse qui peuvent encore se percevoir à 2.500 mètres de profon-

deur. Le *Melanocetus Johnsoni* capturé à 1.000 mètres plus
bas que le *Globiceps*, n'est que mâchoires et qu'estomac. Le
Stomias, poisson phosphorescent, s'éclaire de sa propre lumière dans les profondeurs de 2.000 à 3.000 mètres qu'il
occupe. Le *Malacosteus niger* a la même faculté.

Tous ces poissons arrivent morts à la surface de l'eau : la
pression énorme des grandes profondeurs, loin de leur être
nuisible comme on l'a si longtemps affirmé, est nécessaire à
leur existence.

Les crustacés pêchés aux mêmes profondeurs ne sont pas
moins intéressants. Certains organes, étrangement transformés
et d'une sensibilité extrême, semblent chez eux suppléer à la
vue, ou faible ou tout à fait absente, par la délicatesse du tact.
Le *Galathodes Antonii* a des sortes d'épines à la place occupée
en général par les yeux. Le *Carpella* n'est que corps et pattes ;
du moins, on ne voit pas la tête. Chez un autre, le *Colos-
sendeis Titan*, capturé près des Açores, par 4.000 mètres de
profondeur, l'estomac se ramifie jusqu'à l'extrémité de pattes
semblables à celles de l'araignée des champs qu'on nomme :
le faucheux. D'autres sont rouges, tout rouges — sans avoir
été cuits — les *Aristés*, par exemple.

Des holothuries aux couleurs magnifiques abondent dans
ces basses régions. Des coraux, des éponges aux formes les
plus bizarres ont été ramenés à la surface par la drague.

Tout un nouveau monde a été ainsi conquis, dévoilé aux
savants. Ç'a été une merveilleuse révélation de l'universalité
de la vie que de la retrouver jusque dans ces abîmes, jusque dans la couche de vase semi-liquide, haute de plusieurs
mètres, du fond de certaines mers où trouvent moyen de
vivre, de pulluler par centaines de milliards ces animalcules
d'un dixième de millimètre à peine, les foraminifères, coc-

33

colithes, globigérinées, etc., dont les générations effrayantes
par leur nombre ont plus fait pour la formation des couches
géologiques de la terre que tous les ossements des gigantesques animaux des premières époques, comme le mam-
mouth ou l'urus.

Dans les eaux mêmes où la température descend au-dessous
de 0°, on a pêché des mollusques et des spongiaires vivants.
L'abaissement de la température les laisse subsister. Au reste,
il paraît que les moustiques qui, dans nos climats, meurent
au premier froid, constituent cependant, dans les régions voisines du pôle Nord, un des plus menus, mais des plus insup-
portables désagréments de la vie de l'explorateur.

Le *Talisman* n'a pas étudié seulement les représentants de
la vie animale dans les grandes profondeurs. Ses investiga-
tions ont porté aussi sur les algues. Dans son troisième
voyage, en 1883, il a, notamment, exploré la fameuse mer des
Sargasses, où faillirent s'arrêter les caravelles de Christophe
Colomb. Au-dessus de cette mer, les algues constituent de
véritables prairies flottantes.

« L'accumulation de ces plantes sous-marines, écrit M. Paul
Gaffarel, est l'exemple le plus frappant de plantes congénères
réunies sur le même point. Ni les forêts colossales de l'Himalaya, ni les graminées qui s'étendent à perte de vue dans les
savanes américaines ou les steppes sibériennes, ne rivalisent
avec ces prairies océaniques... Diversement colorées par la
lumière, tantôt d'un jaune rouillé, parfois rouges ou roses,
mais, prises en masse, toujours vertes, elles se mêlent et se
confondent... C'est la forêt vierge de l'océan... On a recueilli
telle de ces algues qui mesurait 183 mètres, et une autre qui
atteignait la longueur extraordinaire de 366 mètres. »

La principale question que l'on discutât au sujet de ces
algues était la question même de leurs origines. D'où prove-
naient ces plantes qui, dit Arago, occupent un espace « équi-

valant à la surface de la France » ? S'élevaient-elles du fond de l'océan ? Croissaient-elles, comme les conferves d'eau douce, à la surface même de la mer ? Etait-ce enfin de simples épaves arrachées de points divers, et venues s'amasser au centre des courants, entraînées notamment par le Gulf-Steam ?

Les sondages du *Talisman* ont démontré l'inanité de la première de ces hypothèses. La Mer Herbeuse s'étend sur des fonds de plus de 5.000 mètres, et la végétation sous-marine ne dépasse guère 250 mètres de profondeur. Les vents, l'action des courants, peut-être aussi la faculté pour les algues de se développer d'elles-mêmes dans ces eaux favorables, sont donc les seules causes de la mer des Sargasses.

Enfin, ces expéditions ont montré vivantes encore certaines espèces que l'on croyait éteintes et dont les débris constituent sur la terre habitée des dépôts géologiques d'une notable épaisseur : *trilobites*, crustacés au corps divisé en trois lobes par de profonds sillons ; *micrasters*, genre d'échinodermes qu'on n'avait rencontrés que parmi les fossiles caractéristiques du terrain appelé terrain crétacé par les géologues, etc. ; — toutes découvertes rendant plus sensible encore le mouvement perpétuel de formation et de transformation du globe, puisque ces espèces réputées éteintes continuent, dans le fond des mers, à constituer ces gisements de craie, ces dépôts de tripoli qui peut-être, un jour, émergeront du sein des flots comme en émergea notre sol.

CHAPITRE XVII

LES PRODUITS ACCESSOIRES DE LA MER

Le sel. — Marais salants. — Sel gemme. — Iode. — Brome. — Les algues. — La soude. — Rôle des algues. — Algues comestibles. — Aquariums. — Herbiers. — Le sable. — Le verre. — Les bains de mer. — L'hôpital de Berck-sur-Mer.

Chacun sait que l'eau de mer possède une saveur particulière caractéristique. Elle doit cette saveur aux substances soit dissoutes, soit en suspension seulement, qu'elle contient.

Il entre, dans 100 grammes d'eau de mer, un peu plus de 96 grammes d'eau chimiquement pure et environ 2 grammes de sel marin. Le surplus comprend diverses substances : brome, iode, etc., ainsi que des matières organiques en suspension. Les proportions indiquées varient du reste avec les mers ; la Méditerranée, par exemple, est plus salée que l'Océan. La mer Baltique, au contraire, est *potable* au nord de l'île Gotheland.

On a recours à divers procédés pour extraire le sel de l'eau de mer. Dans les régions du Nord, on fait congeler cette eau pour la concentrer, on enlève la glace (formée d'eau pure) et on traite par l'évaporation les eaux-mères restantes. Dans les pays chauds ou tempérés, on utilise la chaleur solaire pour vaporiser une certaine quantité d'eau de mer dans ce qu'on appelle les marais salants.

La disposition des marais salants varie suivant les pays, mais le principe est toujours le même. On amène l'eau de mer, au moyen de canaux, dans des réservoirs de moins en moins profonds où l'action du soleil la vaporise peu à peu. Dans les derniers de ces bassins, le sel se cristallise et tombe au fond, d'où on le retire à l'aide de râtissoires ou de pelles. Un peu de sel fin surnage et est recueilli à part.

Le sel obtenu n'arrive sur nos tables qu'après diverses opérations destinées à le blanchir.

La vase des marais salants se vend comme engrais.

Les eaux de la mer ne sont pas celles qui contiennent le plus de sel. Le grand lac Salé de l'Utah, en Amérique, par exemple, contient jusqu'à 33 p. 100 de matières salines, composées en majeure partie de sel proprement dit (chlorure de sodium).

On trouve en outre le sel dans le sol même des continents, par blocs (sel gemme). Il y a des mines de sel comme des mines de houille. Celles de Wieliczka et de Bochnia (près de Cracovie) sont les plus célèbres de l'Europe. Elles ont plus de 200 lieues de long et s'exploitent actuellement à plus de 400 mètres au-dessous du niveau du sol.

Des eaux de la mer, on peut retirer, outre le sel marin, l'iode et le brome, si usités tous deux dans les opérations industrielles, pour la photographie, par exemple. Les mêmes substances entrent également dans la composition de divers médicaments.

Des plantes qui croissent sur le bord de la mer ou que celle-ci arrache des bas-fonds et rejette sur les côtes, on peut extraire la soude, que l'on emploie dans la préparation d'un grand nombre de corps, le savon entre autres. Ces plantes, sur les côtes de la Manche, consistent principalement en *varechs*, *goémons* ou *fucus*, dont les plus communs sont le

fucus vésiculeux, aisément reconnaissable aux capsules pleines
d'air qu'il porte et qui éclatent lorsqu'on pose le pied sur
elles, le fucus dentelé, dont les feuilles évoquent l'idée d'une
lame de scie, la laminaire sucrée, longue algue ayant la forme
d'un ruban, etc. Sur les côtes de la Méditerranée on emploie
les salicors, les chenopodiums, les arroches, etc.

On assemble ces algues en tas et on y met le feu, que l'on
entretient pendant plusieurs journées. La cendre de ces
plantes est formée de soude impure (soude brute) que l'on
raffine au moyen de procédés chimiques.

Indépendamment de cette utilité en tant que matières contenant la soude, les algues en offrent d'autres. Dans la mer,
elles servent de nourriture et d'abri à un grand nombre de
poissons ou de mollusques; elles jouent le même rôle que les
plantes dans l'air, et même un rôle plus important, puisque
les plantes terrestres puisent leur nourriture principalement
dans le sol, tandis que les plantes marines n'ont pas de véritables racines et s'assimilent directement les substances con-
tenues dans l'eau, aussi bien lorsque ces algues sont flottantes
que lorsqu'elles sont fixées par des crampons aux rochers.

Certaines algues sont comestibles pour l'homme lui-même.
De ce nombre sont l'*ulve comestible*, l'*ulve-laitue* que mangent
les Irlandais et les Ecossais, et la *laminaire sucrée* qui contient une matière spéciale (la *mannite*) employée en guise de
sucre par les mêmes peuples.

Dans les aquariums marins, il est indispensable, comme
dans ceux d'eau douce, de mettre des algues si l'on ne veut
voir périr promptement les poissons. Les principales parmi
celles que l'on peut choisir dans ce but sur nos côtes sont le
gazon de mer, les *entéromorphes*, la *briopse plumeuse*, etc.
On sait que l'eau de mer naturelle se remplace très aisément

par une eau de mer fabriquée. Voici l'une des formules usitées : pour 10 litres d'eau douce filtrée, ajouter :

Gros sel . . . .   250 gr.
Sulfate de magnésie. . . . .   22 gr.
Chlorure de magnésium. . . . .   35 gr. 75
    —   de potassium . . . .   7 gr. 50

Ces substances se trouvent chez tous les marchands de produits chimiques.

Les poissons ne se plaignent jamais de ce mélange, mais ils en meurent quelquefois, moins fréquemment pourtant qu'on ne pourrait le craindre.

Il est facile de faire des herbiers d'algues marines. Bien loin de leur ôter leurs formes et leurs couleurs, comme il arrive pour les fleurs de nos jardins, la dessiccation et l'exposition à l'air et à la lumière semblent leur communiquer plus d'éclat. On lave à diverses reprises dans l'eau douce la plante que l'on veut recueillir, on en étend soigneusement les ramuscules, et on la reçoit sur une feuille de papier à laquelle elle reste attachée.

Le plus difficile, c'est de déterminer le nom du sujet collectionné ainsi. Souvent les diverses familles d'algues demandent, pour être reconnues, un examen au microscope, auquel il est malaisé de recourir sans connaissances spéciales.

Enfin, on ne peut omettre complètement, dans l'indication des produits accessoires de la mer, le sable même des grèves, composé de silice presque pure, et qui peut servir pour la préparation des différentes sortes de verres : verre à bouteille, verre à vitre, etc.

On ne saurait, non plus, passer entièrement sous silence l'action fortifiante, indéniée aujourd'hui, des bains de mer. Indépendamment des substances utilisées en médecine qu'elles contiennent, les vagues doivent à leur mouvement propre d'agir un peu comme des douches. L'air des grèves lui-même, imprégné d'odeurs balsamiques, contribue à activer le jeu des poumons. Rien ne vaut, pour les santés débiles ou chancelantes, les salubres efflu-ves de l'océan. Nombre de pays, de villes même envoient aujourd'hui sur ses bords les jeunes enfants malades ou chétifs, réalisant ainsi un des vœux le plus éloquemment formulés par Michelet. L'hôpital de Berck-sur-Mer, fondé et entretenu par la ville de Paris, peut être cité comme un modèle de ces établissements.

La mer n'est pas jalouse de l'homme qui la conquiert. Sûre d'elle-même, certaine de sa force, il semble qu'elle communique à qui la recherche quelque chose de sa propre santé et de sa vie.

CONCLUSION

Que reste-t-il encore à conquérir de la mer ?

La presque totalité du globe a été explorée par les navigateurs. Des services réguliers de paquebots unissent entre eux
les continents. L'admirable réseau des lignes télégraphiques
sous-marines, système nerveux de notre terre, comme on l'a
dit avec infiniment de justesse, complète cette œuvre grandiose.

Seuls, les pôles gardent encore leur secret. Les atteindre
sera l'œuvre du xxe siècle. Il y parviendra grâce aux progrès
de ce siècle qui finit, grâce à la vapeur, grâce à l'électricité,
qui bientôt remplacera la vapeur comme moteur des navires,
comme propulseur aussi, sans doute, de la grande invention,
incomplète encore, des ballons dirigeables.

34

Le bateau sous-marin existe. Il n'est pas téméraire d'espérer que des perfectionnements nouveaux permettront de lui confier un des premiers rôles dans les études du monde de la mer.

Les études de pisciculture consciencieusement poursuivies, une exploitation moins avide, moins déprédatrice de ce qu'on a appelé les « moissons marines de l'avenir », prépareront, conserveront pour mieux dire, aux nations qui se livrent à la pêche des ressources inépuisables, véritable trésor de la paix.

Dès le milieu de ce siècle, un homme de grand sens, Eugène Noël, écrivait déjà (*Pisciculture*) :

« On peut faire de l'Océan une fabrique immense de vivres, un laboratoire de subsistances plus productif que la terre même ; fertiliser tout, mer, fleuves, rivières, étangs : on ne cultivait que la terre, voici venir l'art de cultiver les eaux... Entendez-vous, nations ! »

Commentant en quelque sorte ces paroles, M. de Cherville signale combien, aujourd'hui même, s'impose cette grande œuvre :

« L'*alma mater* (l'auguste mère), la Terre, se dérobe ; fatiguée, énervée, épuisée, elle demande grâce ; ce n'est plus que d'une main avare qu'elle donne le trèfle et la luzerne ; la vigne va peut-être nous échapper ; nous sommes encore menacés dans bien d'autres de nos richesses végétales ; songeons à la mer, à ce merveilleux atelier de production où les transformations de la mort et de la vie sont pour ainsi dire instantanées, dont les eaux, dont les végétations, dont les sables grouillent d'êtres assimilables, lesquels ont été doués de telles facultés de multiplication que la science seule parvient à en fixer les limites ; songeons à la mer, non plus seulement pour en exiger tributs sur tributs, mais pour la cultiver à son tour comme nous avons cultivé la terre. »

A côté de ces progrès réalisés ou à accomplir ne faut-il pas citer aussi, comme de véritables conquêtes du génie humain, ces percements d'isthmes, l'isthme de Suez, par exemple, grâce auxquels c'est la mer — la mer réputée autrefois barrière et obstacle — qui vient en quelque sorte s'étendre sous les vaisseaux, épargner aux navigateurs les longs retards que leur imposait l'obligation de côtoyer la terre ferme?

Tels sont les résultats atteints. Non seulement, l'homme ne craint plus la mer d'une terreur aveugle — encore que, mieux que jamais, il en connaisse la force irrésistible dans les convulsions de l'ouragan comme dans l'action lente et répétée du flot sur les grèves ; — non seulement, de nos jours, l'homme ne craint plus la mer, mais il l'appelle à lui, il la presse, au contraire, de venir à son ordre comme un Léviathan dompté. Rien que pour la France, c'est le canal des Deux-Mers, à percer du golfe de Gascogne au golfe du Lion ; c'est « Paris-Port de mer », par la canalisation de la Seine ou par la construction d'un canal latéral à la Seine ; c'est, enfin, dans nos grandes colonies africaines, le projet du commandant Roudaire, la « Mer Intérieure » du Sahara, la mer à amener — à ramener plutôt, car elle y a jadis séjourné, — dans les *chotts* de l'Algérie, dans les *sebkhas* de la Tunisie, immenses plaines basses que recouvre une croûte blanche de sel pareille à un manteau de neige, et où s'étendait autrefois le grand golfe de Triton, décrit par l'historien Hérodote cinq siècles avant notre ère, et, trois siècles après Hérodote, par Scylax, auteur du *Périple de la Méditerranée.*

Peut-être, à cette heure où les populations pressées du Vieux-Monde se sentent comme à l'étroit sur une terre épuisée, la mer conquise, prodiguant à l'homme — s'il sait l'aménager — le trésor toujours accru de ses moissons inépuisables, lui ouvrant des voies toujours plus sûres et rapides vers la

colonisation de nouveaux continents, — la mer se révélera-
t-elle comme la suprême ressource.

Mais, en attendant que ce rêve devienne, par l'union universelle, une consolante réalité, — méditons, nous autres
Français, les belles paroles que Michelet écrivait à propos des
enfants débiles que la Ville de Paris envoie se refaire à l'air
vivifiant des grèves :

« ... Lorsque des populations malheureusement trop nombreuses de pêcheurs et de matelots tournent le dos à la mer
et se font industrielles, il faut suppléer à cette désertion. Il
faut faire des hommes tout neufs, qui n'aient pas entendu
débattre dans la cabane paternelle les profits de la vie pru-
dente, abritée, de l'intérieur. Il faut que l'adoption de la France
crée un peuple de marins qui, voué d'avance à son métier
héroïque, le préfère à tout ; qui, dès les premières années,
bercé par la Mer, n'aime que cette grande nourrice et ne la
distingue pas de la Patrie elle-même. »

VOCABULAIRE

A

Acéphale, *adj*. Qui n'a pas de tête. Nom donné à différents mollusques, tels que la moule et l'huître.

Aèdes, *s. m*. Nom donné aux anciens poètes grecs qui récitaient leurs propres œuvres.

Aimant, *s. m*. On donne le nom d'*aimant naturel* à un corps métallique (l'*oxyde magnétique*) jouissant de la propriété d'attirer le fer. On obtient un *aimant artificiel* en frottant un barreau d'acier trempé avec un *aimant naturel*.

Alexandre. Célèbre conquérant grec (356-323 av. J.-C.).

Alhambra, *s. m*. Palais bâti par les Maures à Grenade, en Espagne.

Alizés, *adj*. Les *vents alizés* sont des vents qui soufflent périodiquement dans la même direction.

Amarinage, *s. m*. Action d'amariner. *Amariner un navire* signifie occuper ce navire, en prendre possession.

Ambre, *s. m*. L'*ambre gris* est une substance odorante.

Améthyste, *s. f*. Pierre précieuse, d'une couleur violette.

André Chénier. Poète français (1762-1794).

Anthélie, *s. f*. On donne le nom d'*anthélie* (ou *faux-soleil*) à une image du soleil que l'on voit apparaître dans certains phénomènes lumineux.

Appel, *s. m*. Dans le sens spécial d'aspiration.

Apocalypse, *s. f*. Un des livres de la Bible.

Apode, *adj*. Qui n'a pas de pieds, ou (s'il s'agit d'un poisson) qui n'a pas de nageoires ventrales.

Arago. Savant français (1786-1853).

Argo. Vaisseau légendaire, monté par les héros grecs qui allèrent en Colchide pour conquérir la Toison d'Or.

Aristote. Savant philosophe grec (384-322 av. J.-C.).

Auguste. Nom donné, par généralisation, aux empereurs romains successeurs d'Auguste I⁰ʳ.

Aurique, *adj.* Se dit d'une voile de forme particulière.

B

Balsamique, *adj.* Embaumé, parfumé (de baume).

Baptême de la Ligne. Autrefois, les matelots fêtaient le passage de l'équateur (la Ligne) par des réjouissances dont la plus goûtée consistait à jeter quelques seaux d'eau sur les passagers peu généreux. D'où le mot *baptême* donné à ces réjouissances.

Barbares. Nom donné, d'une façon générale, aux différents peuples qui envahirent et renversèrent l'empire romain.

Bart (Jean). Hardi corsaire français (1650-1702).

Béhémoth, *s. m.* Animal imaginaire, d'une taille gigantesque.

Bernardin de Saint-Pierre. Ecrivain français (1737-1814).

Berzélius. Savant chimiste suédois (1779-1848).

Bivalve, *adj.* Qui a deux valves ou coquilles, comme les huîtres.

Bordage, *s. m.* Ce qui forme la paroi extérieure, le rebord d'un vaisseau.

Bordé, *s. m.* Même sens que bordage.

Bougies-mètres. Mesure de la lumière basée sur la puissance éclairante d'une bougie prise pour unité.

Brasse, *s. f.* En terme de marine, mesure de longueur valant 1ᵐ,624.

Briser. En parlant de la mer, signifie battre avec fracas, soit la côte, soit un écueil.

Byzance. Ancien nom de la ville de Constantinople.

C

Carthage. Ville d'Afrique, longtemps rivale de Rome qui finit par la détruire (146 av. J.-C.).

Castor et Pollux, *n. p.* Personnages de la mythologie grecque.

Céphalopode, *s. m.* Désigne certains mollusques dont les tentacules, comme chez la pieuvre, sont disposés tout autour de la bouche de l'animal.

Chaland (bateau). Sorte de bateau plat, très bas, destiné au transport de lourds fardeaux.

Chaos, *s. m.* Exprime le désordre et la confusion.

Charybde. Passage dangereux du détroit de Messine. Les Grecs avaient imaginé de le représenter comme un animal monstrueux qui engloutissait les vaisseaux. Ils avaient fait de même pour *Scylla*, écueil situé dans les mêmes parages.

Chénier (André). Poète français (1762-1794).

Cherville (marquis de). Ecrivain français, auteur de nombreux récits de chasse et de pêche, né en 1821.

Cheval-vapeur. Expression usitée en physique pour désigner une force capable d'élever, par seconde, un poids de 75 kilogrammes à la hauteur d'un mètre.

Christophe Colomb. V. *Colomb*.

Circé. Magicienne fameuse dans la mythologie grecque.

Cirrus, *s. m*. Sorte de nuage en forme de trainées blanches.

Colomb (Christophe). Marin génois (1436-1506). Découvrit l'Amérique en 1492.

Colophane, *s. f*. Sorte de résine.

Conferve, *s. f*. Sorte de plante aquatique.

Conserve, *s. f*. En terme de marine, navire qui fait route avec un autre pour le secourir.

Constantinople. Capitale de la Turquie.

Corbière (Tristan). Poète français (1845-1875), a écrit de beaux poèmes sur la mer et les gens de mer.

Couronne, *s. f*. Indépendamment de son sens ordinaire (couronne des rois), désigne des cercles colorés qui apparaissent parfois autour du soleil ou de la lune.

Cumulus, *s. m*. Sorte de nuage en forme de grosses masses blanches pareilles à des flocons de duvet.

Cyclope, *s. m*. Géant que les légendes de l'antiquité représentaient avec un seul œil au milieu du front.

D

Danger, *s. m*. En terme de marine, signifie écueil.

Dock, *s. m*. Grand magasin avoisinant un port.

Doge, *s. m*. Premier magistrat de l'ancienne république de Venise.

Dollar, *s. m*. Pièce de monnaie américaine qui vaut 5 fr. 40.

Drachme, *s. f*. Ancienne monnaie grecque, valant 0 fr. 92.

Dynamomètre, *s. m*. Instrument servant à mesurer les forces au moyen de leur action, sur un ressort, par exemple.

E

Eaux-mères. Terme de chimie. Résidu de l'évaporation des salines.

Ecoutille, *s. f*. Ouverture permettant de descendre dans l'entrepont d'un navire.

Edit (de Nantes). Edit rendu par Henri IV en 1596 en vue de mettre fin aux guerres de religion. Louis XIV révoqua cet édit en 1685.

Egée. Géant fabuleux (mythologie grecque).

Electricité, *s. f.* Force particulière dont les principaux effets sont de permettre à certains corps d'attirer d'autres corps, de produire des étincelles, etc.

Electromètre, *s. m.* Instrument destiné à mesurer la puissance développée par une source d'électricité.

Ellipse, *s. f.* Figure géométrique en forme d'ovale.

Embrun, *s. m.* Désigne l'écume de la mer fouettée par le vent.

Emeraude, *s. f.* Pierre précieuse de couleur verte.

Encelade. Géant légendaire, représenté comme ayant cent bras et cent mains dans la mythologie grecque.

Epave, *s. f.* On appelle épaves les objets abandonnés ou sans propriétaire connu, notamment ceux que la mer rejette sur les rivages.

Epopée, *s. f.* Sorte de poème héroïque.

Eratosthènes. Savant mathématicien et géographe grec (276-194 av. J.-C.).

Etale, *adj.* La mer est *étale* lorsqu'elle reste *étalée* en quelque sorte, immobile.

Etanche, *adj.* Une cloison étanche désigne une cloison impénétrable à l'eau.

Etrave, *s. f.* Suite de pièces courbes qui forment la proue d'un navire.

F

Familistère, *s. f.* Maison commune, dans le système social de Fourier.

Faune, *s. f.* Désigne l'ensemble des animaux d'un pays.

Flore, *s. f.* Désigne l'ensemble des productions végétales d'une contrée.

Fossiles, *adj.* Coquilles, plantes et tous restes de corps organisés que l'on trouve enfouis à différentes profondeurs et qui présentent encore leurs formes primitives malgré leur pétrification.

Fourier (Charles). Philosophe français (1768-1837).

Fraîchir, terme de marine. Devenir plus fort, en parlant du vent.

G

Gabarit, *s. m.* Désigne le modèle d'après lequel on construit un navire.

Galvanomètre, *s. m.* Appareil destiné à mesurer la force d'un courant électrique.

Ghéa, *s. f.* Nom de divinité sous lequel les anciens Grecs désignaient la terre.

Gnome, *s. m.* Désigne les génies du sol, d'après les anciennes légendes.

Gothique, *adj.* L'architecture gothique a pour base l'ogive.

Gouverner. En terme de marine, obéir au gouvernail.

Grèce. Pays de l'Europe méridionale, siège principale de la civilisation antique.

H

Haler, *v. a.* Signifie *tirer*, en terme de marine.

Halo, *s. m.* Cercle lumineux autour du soleil ou de la lune.

Hannon. Célèbre marin carthaginois (1000 av. J.-C.).

Hauban, *s. m.* Cordage servant à fixer un mât dans la position verticale.

Hercule, *n. p.* Personnage de la mythologie grecque, symbolise la force physique.

Hérodote. Historien grec (484-407 av. J.-C.). On l'appelle le Père de l'Histoire.

Hésiode. Poète grec (vers 900 av. J.-C.?).

Heure sidérale. Heure indiquée par les astres (*sidera*, étoiles).

Hipparque. Célèbre astronome grec (200 ans av. J.-C.).

Homère. Le premier des poètes grecs; auteur de l'*Iliade* et de l'*Odyssée* (xᵉ siècle av. J.-C.).

Hugo (Victor). Un des plus grands poètes du xixᵉ siècle (1802-1885), a laissé de belles pages sur le monde de la mer.

Hune, *s. f.* Sorte de plate-forme horizontale établie sur un mât.

Hunier, *s. m.* Terme de marine. voile d'un mât de hune.

Hyalin, *adj.* Qui a la diaphanéité du verre.

I

Iliade. Poème épique, œuvre d'Homère.

Infusoires. Animalcules microscopiques.

Intumescence, *s. f.* Gonflement.

J

Japet. Divinité de la mythologie grecque.

Jason. Héros grec, chef de l'expédition légendaire partie pour la conquête de la *Toison d'Or.*

Jean Bart. V. *Bart.*

Jonas. Prophète juif; fut avalé par une baleine qui, rapporte la Bible, le rejeta vivant sur le rivage.

Jour sidéral. Jour tel qu'il résulte de l'observation des astres.

Jupiter. Roi des Dieux dans la mythologie grecque.

35

L

Laplace. Mathématicien et astronome français (1749-1827).

Latitude. Terme d'astronomie. Distance d'un lieu à l'équateur, mesurée en degrés sur le méridien.

Lestrygons. Peuplade d'anthropophages qui aurait, d'après Homère, habité la Trinacrie (Sicile).

Léviathan. Poisson gigantesque et fabuleux, cité par la Bible.

Liber, *s. m.* Partie intérieure de l'écorce d'un arbre.

Ligne (baptême de la). V. *Baptême.*

Longitude. Terme astronomique et géographique indiquant la distance du méridien d'un lieu au méridien d'un autre lieu choisi à cet effet.

Lumière (pinceau de). V. *Pinceau.*

Lysandre. Général lacédémonien, mort en 395 avant J.-C.

M

Magnétique (méridien). Grand cercle qui passe par les pôles d'un aimant et le centre de la terre.

Manipulateur, *s. m.* Dans un télégraphe, le manipulateur est la partie de l'appareil qui sert à la transmission des dépêches.

Manteau (des huîtres). Large expansion charnue qui enveloppe les organes de l'animal.

Mâtereau, *s. m.* Petit mât.

Maury. Géographe et météorologiste américain de ce siècle, un des savants qui ont le plus fait pour l'étude de la mer.

Méla (Pomponius). Géographe latin du Ier siècle de notre ère.

Mercure. Dieu du commerce dans la mythologie.

Michelet. Historien et écrivain français (1798-1874), a laissé entre autres ouvrages, un beau livre sur « la mer ».

Mille et une Nuits. Recueil de contes arabes.

Mille marin. Mesure de longueur, valant 1.852 mètres.

Môle, *s. m.* Massif de maçonnerie édifié à l'entrée d'un port pour le protéger contre les assauts des vagues.

Monolithe, *s. m.* Bloc de pierre d'un seul morceau.

Montesquieu. Historien français (1689-1755).

Mousson, *s. f.* Vent périodique de la mer des Indes.

Moutonner, *v. n.* Se couvrir d'écume blanchâtre.

N

Nadir, *s. m.* Point du ciel diamétralement opposé au Zénith. V. *Zénith.*

Newton. Mathématicien et physicien anglais (1642-1727).

Nœud marin. 120ᵉ partie du mille marin. On dit qu'un navire marche à raison de 5, 10, 15 nœuds, lorsqu'il fait 5, 10, 15 milles à l'heure.

O

Obélisque, *s. m.* Monument égyptien en forme d'aiguille.

Odyssée, *s. f.* L'un des poèmes épiques d'Homère.

Olympiques, *adj.* Les jeux olympiques étaient les jeux célébrés tous les quatre ans par les Grecs à Olympie.

Onomatopée, *s. f.* Mot dont le son rappelle le bruit de la chose qu'il signifie.

Opale, *s. f.* Pierre précieuse d'une couleur laiteuse et bleuâtre.

Opalescente, *adj.* Couleur d'opale.

Oppien. Poète grec (IIᵉ siècle).

Oracles, *s. m.* Réponse ou prédiction d'une divinité; désigne parfois la divinité elle-même.

Orphée. Poète grec légendaire.

Ossian. Poète d'Écosse (IIIᵉ siècle).

Oxygène, *s. m.* Un des gaz qui se trouvent dans l'air respirable.

P

Pagaie, *s. f.* Sorte de rame.

Palancre, *s. f.* Espèce de ligne de pêche.

Parabolique, *adj.* Qui a la forme de la courbe appelée parabole.

Parasélène, *s. f.* Cercle lumineux autour de la lune.

Parhélie, *s. m.* Cercle lumineux autour du soleil.

Périple, *s. m.* Voyage par mer autour d'un pays.

Phase. Nom ancien du Fasi, rivière d'Arménie.

Pilots, *s. m.* Pieux enfoncés dans le sol.

Pinceau de lumière. Se dit d'un mince faisceau de rayons lumineux.

Platon. Philosophe grec (430-347 av. J.-C.).

Pline l'Ancien. Écrivain latin (23-79 ap. J.-C.).

Plutarque. Écrivain grec (50-138 ap. J.-C.).

Polder, *s. m.* Marais desséché dans la Hollande.

Pollux. V. *Castor.*

Polyphème, *n. p.* Un des Cyclopes. (V. ce mot.)

Pomponius Méla. V. *Méla.*

Présure, *s. f.* Corps organique servant à faire cailler le lait.

Ptolémée. Astronome d'Alexandrie (IIᵉ siècle ap. J.-C.).

Pythéas. Ancien navigateur marseillais (IVᵉ siècle av. J.-C.).

R

Récepteur, *s. m.* Dans un télégraphe électrique, le récepteur est la partie de l'appareil qui reçoit la dépêche transmise au moyen du manipulateur.

Résine, *s. f.* Matière organique qui coule de certains arbres.

Rhapsode ou **Rapsode**, *s. m.* On appelait Rhapsodes, en Grèce, les chanteurs errants qui déclamaient les œuvres poétiques composées par d'autres que par eux-mêmes.

Richepin (Jean). Poète, écrivain et auteur dramatique français, né en 1849 ; a écrit sous ce titre : *La Mer*, des poèmes de grande allure.

Rokh, *s. m.* Oiseau imaginaire de taille gigantesque, dont les aventures fabuleuses sont contées dans les *Mille et une Nuits*. (V. ce mot.)

Roman, *adj.* L'architecture romane désigne soit l'architecture en usage du v° au xii° siècle, soit l'architecture qui s'inspire des monuments de cette époque. Les voûtes à plein cintre en constituent le principal caractère.

Rondelet. Médecin et naturaliste (1507-1566), a laissé une célèbre *Histoire des Poissons*.

Rubis, *s. m.* Pierre précieuse rouge.

S

Saphir, *s. m.* Pierre précieuse bleue.

Schooner, *s. m.* Navire à deux mâts.

Segment, *s. m.* Fragment d'un tout.

Shakespeare. Grand poète dramatique anglais (1564-1616).

Sidéral, *adj.* Qui a rapport aux astres.

Simbad, *n. p.* Personnage fabuleux des *Mille et une Nuits*. (V. ce mot.)

Sonder. En parlant de la baleine, plonger.

Stalactite, *s. f.* Concrétion pierreuse formée par des infiltrations à une voûte de rocher.

Stéatite, *s. f.* Sorte de pierre.

Strabon. Géographe grec (50 ans av. J.-C.).

Sui generis. Locution latine, signifiant : d'un genre spécial.

Scylla. Écueil situé sur la côte d'Italie.

T

Taret, *s. m.* Mollusque qui ronge les pièces de bois.

Tenant. Dans le sens de combattant.

Térébenthine, *s. f.* Résine liquide.

Thésée. Personnage grec (xiii° siècle av. J.-C.).

Thulé. Les anciens appelaient ainsi une île (peut-être l'Islande) située à l'extrême nord du monde alors connu.

Tillac, *s. m.* Pont d'un navire.

Titan, *s. m.* Géant fabuleux.

Toison d'Or. Toison légendaire conquise par les Argonautes dans la Colchide.

Tourmaline, *s. f.* Espèce de pierre précieuse.

Troie. Ville de l'Asie Mineure détruite par les Grecs, après un siège de dix ans, vers 1270 av. J.-C.

Tropique, *s. m.* Parallèle marquant la limite de la course du soleil.

Tyr. Ville de la Phénicie.

U

Ulysse. Un des héros de l'*Iliade* d'Homère.

V

Vapeur (cheval). V. *Cheval-vapeur*.

Vibratile, *adj.* Qui vibre.

Vulcanisé, *adj.* Le caoutchouc vulcanisé est un caoutchouc durci au moyen du soufre.

Z

Zénith, *s. m.* Le point du ciel qui se trouve immédiatement au-dessus d'un observateur.

TABLE DES MATIÈRES

PREMIÈRE PARTIE

LA MER

DEUXIÈME PARTIE

NAVIGATION ET NAVIGATEURS

TROISIÈME PARTIE

LES CÔTES

QUATRIÈME PARTIE

LES PRODUITS ET INDUSTRIES DE LA MER

TABLE DES MATIÈRES

ÉVREUX, IMPRIMERIE DE CHARLES HÉRISSEY

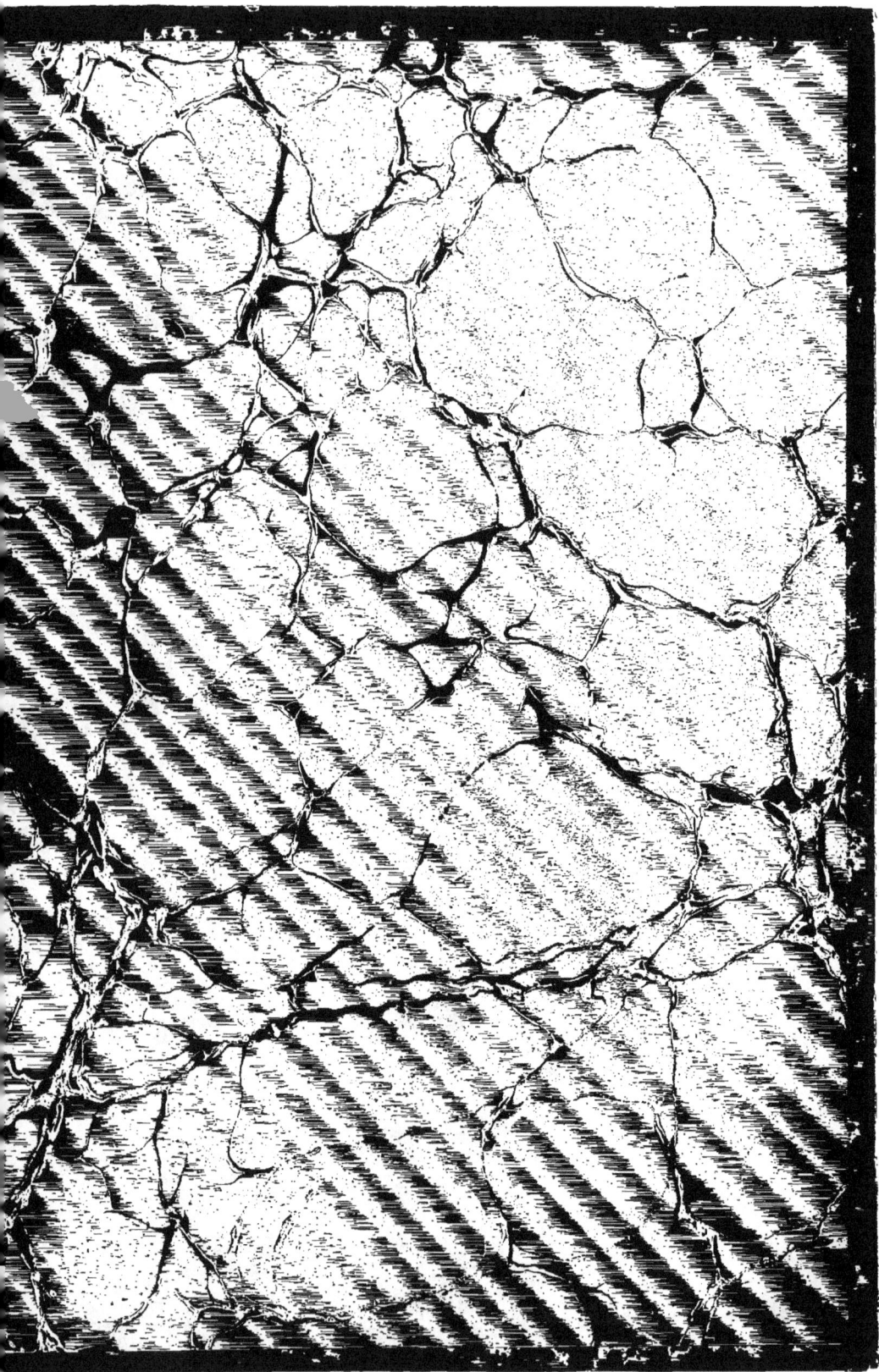

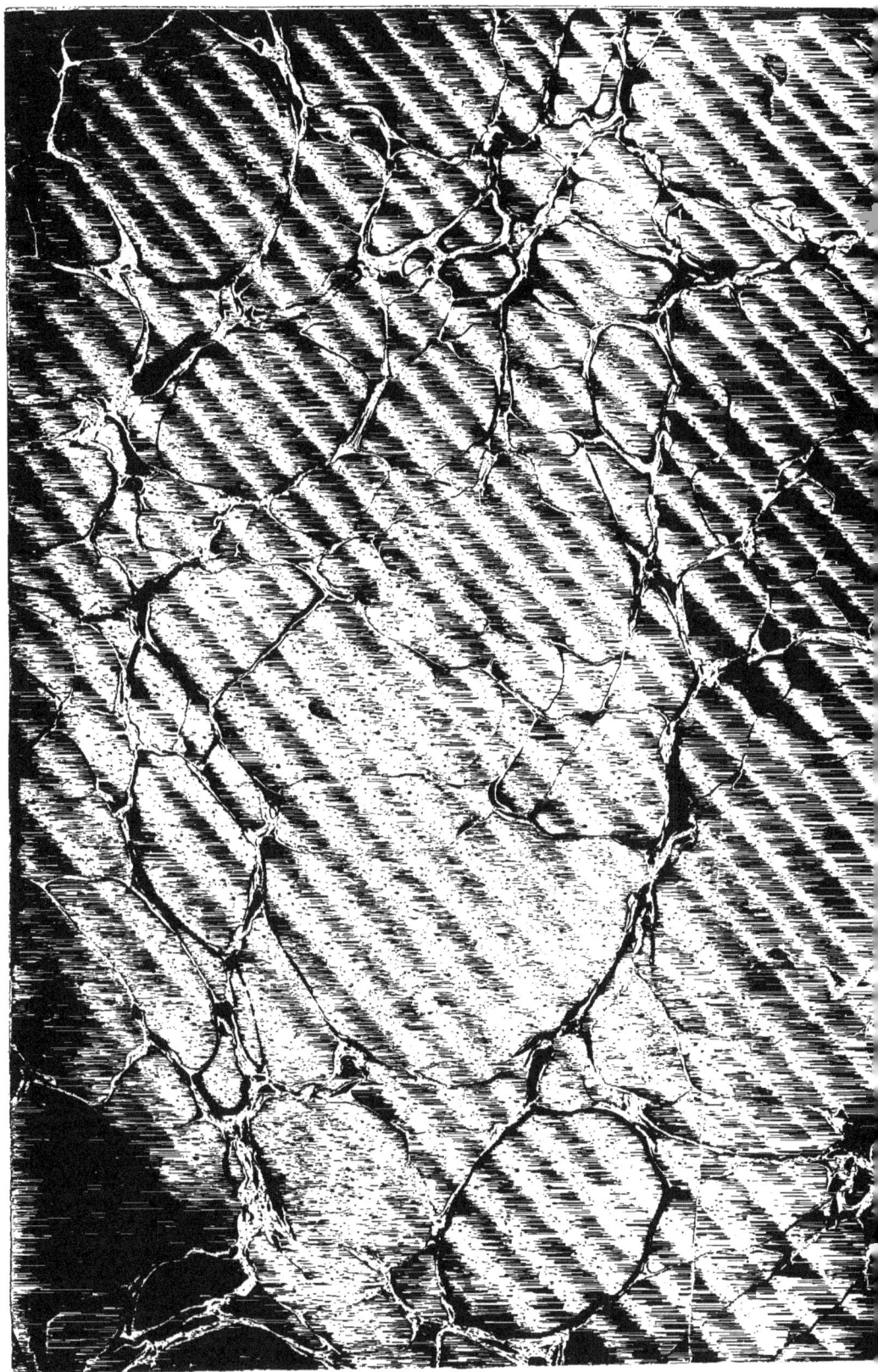

www.ingramcontent.com/pod-product-compliance
Lightning Source LLC
Chambersburg PA
CBHW070245200326
41518CB00010B/1695